Revit

Revit MEP
管线综合设计与应用

主　编◎张　宁　曹迎春　韩肖禹

副主编◎付志惠　王　芳　刘冬学

U0278974

华中科技大学出版社

http://www.hustp.com

中国·武汉

图书在版编目(CIP)数据

Revit MEP 管线综合设计与应用/张宁,曹迎春,韩肖禹主编.—武汉:华中科技大学出版社,2022.8
ISBN 978-7-5680-2845-5

Ⅰ.①R… Ⅱ.①张… ②曹… ③韩… Ⅲ.①建筑设计-管线综合-计算机辅助设计-应用软件-高等职业教育-教材 Ⅳ.①TU204.1-39

中国版本图书馆 CIP 数据核字(2017)第 108292 号

Revit MEP 管线综合设计与应用
Revit MEP Guanxian Zonghe Sheji yu Yingyong

张宁　曹迎春　韩肖禹　主编

策划编辑:康　序

责任编辑:郭星星

封面设计:孢　子

责任监印:朱　玢

出版发行:华中科技大学出版社(中国·武汉)　　　电话:(027)81321913

　　　　　武汉市东湖新技术开发区华工科技园　　　邮编:430223

录　排:武汉三月禾文化传播有限公司

印　刷:武汉市洪林印务有限公司

开　本:787mm×1092mm　1/16

印　张:7.5

字　数:187千字

版　次:2022 年 8 月第 1 版第 1 次印刷

定　价:38.00 元

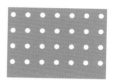

作为一款三维参数化水、暖、电设计软件，Revit MEP 2016 强大的可视化功能使设计师能够更好地推敲空间及发现设计中的不足和错误，并且可以在任何时候、任何地方对设计进行修改，极大地提高了设计质量和设计效率。

本书结合实例案例讲解 Autodesk Revit MEP 2016 的功能运用，是将理论运用到实际项目的一次实践。本书结合辽宁建筑职业学院北校区 4 号食堂的单元机电安装工程的实际案例，对 BIM 技术在机电综合管线排布、工程量统计、施工组织模拟等方面的应用进行详细阐述，并对应用效果进行总结分析，验证 BIM 技术在机电安装工程施工管理中的作用及价值。因此，此案例的融入可对实际教学产生积极的促进作用。Autodesk Revit MEP 将给排水和暖通系统与建筑模型关联起来，为工程师提供更佳的决策参考和建筑性能分析。

本书分为 7 个模块，主要包括 Revit MEP 导论、4 号食堂给水排水模型的搭建、4 号食堂暖通模型的搭建、4 号食堂管线的碰撞检测、4 号食堂的工程量统计、Revit MEP 族功能介绍及实例讲解、Revit MEP 新功能等内容。本书适合土木建筑大类相关专业的学生及设计人员使用，也可以作为与建筑业相关的从业人员的参考用书。

本书由辽宁建筑职业学院张宁、辽宁省交通高等专科学校曹迎春、辽宁建筑职业学院韩肖禹担任主编，由广东工程职业技术学院付志惠、辽宁建筑职业学院王芳和刘冬学担任副主编。

为了方便教学，本书还配有电子课件等资料，任课教师可以发邮件至 husttujian@163.com 索取。

本书在编写过程中，参考和引用了一些文献资料，在此谨向相关文献资料的作者表示衷心感谢。由于编者水平有限，书中难免存在不足和疏漏之处，敬请读者批评指正。

编　　者
2022 年 5 月

CONTENTS
目录

模块 1　Revit MEP 导论 ……………………………… 1

单元 1　Revit MEP 2016 简介 ………………………… 1

单元 2　参数化的意义 …………………………………… 4

单元 3　Autodesk Revit MEP 的重要特性 …………… 5

单元 4　参数化模型中的图元行为 ……………………… 5

单元 5　理解 Autodesk Revit MEP 术语 …………… 6

单元 6　Revit MEP 界面的各组成部分 ……………… 8

模块 2　4 号食堂给水排水模型的搭建 ……………… 15

单元 1　单元准备 ……………………………………… 15

单元 2　给水排水系统 ………………………………… 22

单元 3　消防系统 ……………………………………… 32

模块 3　4 号食堂暖通模型的搭建 …………………… 40

单元 1　单元准备 ……………………………………… 40

单元 2　通风系统 ……………………………………… 46

单元 3　采暖系统 ……………………………………… 57

模块 4　4 号食堂管线的碰撞检测 …………………… 68

单元 1　单元准备 ……………………………………… 68

单元 2　强电系统 ……………………………………… 76

单元 3　弱电系统 ……………………………………… 85

模块 5　4 号食堂的工程量统计 ……………………… 91

单元 1　创建实例明细表 ……………………………… 91

单元 2　编辑明细表 ……………………………… 96

模块 6　Revit MEP 族功能介绍及实例讲解 ………… 98

单元 1　族和族编辑器简介 ……………………… 99

单元 2　创建机械设备族 ………………………… 103

单元 3　创建管道附件族 ………………………… 107

模块 7　Revit MEP 新功能 ……………………………… 110

参考文献 ……………………………………………… 112

Revit MEP导论

本书以辽宁建筑职业学院 4 号食堂单元为例,介绍了有关 Revit MEP 的基础知识、建筑信息模型的基本概念和相关术语,以及如何与其他相关专业开展协同设计的操作流程。用于建筑信息模型的 Revit MEP 平台是建筑设计和文档系统,它支持建筑单元所需的数据、图纸以及明细表。建筑信息模型(BIM)提供了用户需要的有关单元设计、范围、数量和阶段等信息。在 Revit MEP 模型中,所有的图纸、二维视图和三维视图以及明细表都是同一个基本建筑模型数据库的信息表现形式。在图纸视图和明细表视图中操作时,Revit MEP 将收集有关建筑单元的信息,并在单元的其他所有表现形式中协调该信息。Revit MEP 参数化修改引擎可自动协调在任何位置(如模型视图、图纸、明细表、剖面和平面等)进行的修改。

学习目标

(1)了解 Revit MEP 软件的功能;

(2)理解 Autodesk Revit MEP 术语;

(3)熟悉 Revit MEP 界面。

单元 1 Revit MEP 2016 简介

建筑信息模型(Building Information Model)是以三维数字技术为基础,集成了建筑工程单元各种相关信息的工程数据模型。BIM 是一种技术、一种方法、一个过程,BIM 把建筑业务流程和表达建筑物本身的信息更好地集成起来,从而提高了整个行业的效率。随着以 Autodesk Revit 为代表的三维建筑信息模型(BIM)软件在国外发达国家的普及应用,国内先进的建筑设计团队也纷纷成立 BIM 技术小组,应用 Revit 进行三维建筑设计。Revit MEP 软件是一款智能的设计和制图工具,可以创建面向建筑设备及管道工程的建筑信息模型。设计人员可以使用 Revit MEP 软件进行水暖电专业的设计和建模。

Revit MEP 软件借助真实管线进行准确建模,可以实现智能、直观的设计流程。Revit MEP 采用整体设计理念,从整座建筑物的角度来处理信息,将给水排水、暖通和电气系统与建筑模型关联起来。借助 Revit MEP,工程师可以优化建筑设备及管道系统的设计,进行更好的建筑性能分析,充分发挥 BIM 的竞争优势。同时,利用 Revit 的协同作用,设计人员还可即时获得来自建筑信息模型的设计反馈,实现数据驱动设计,轻松跟踪单元范围、明细表和预算的变化。

利用 Revit MEP 软件完成建筑信息模型,可以最大限度地提高基于 Revit 的建筑工程设计和制图的效率,减少建筑设备专业设计团队之间,以及与建筑师和结构工程师之间的协调错误;通过实时的可视化功能,改善与客户的沟通并更快地做出决策。此外,它还能为工程师提供更佳的决策参考和建筑性能分析,促进可持续性设计。Revit MEP 软件建立的管线综合模型可以与由 Revit Architecture 软件或 Revit Structure 软件建立的模型,展开无缝协作。在模型的任何一处进行变更,Revit MEP 可在整个设计和文档集中自动更新所有的相关内容。

Revit MEP 软件的主要特点有:①设计师可以通过创建逼真的建筑设备及管道系统示意图,改善与甲方的沟通渠道,及时了解甲方的设计意图;②通过建筑信息模型,自动交换工程设计数据,提高效率;③及早发现错误,避免让错误进入现场,减少代价高昂的现场设计返工;④借助全面的建筑设备及管道工程解决方案,最大限度地简化应用软件管理。

Revit MEP 软件主要有以下主要功能。

1. 提供暖通设计准则 ▼

使用设计参数和显示图例来创建着色平面图,能够直观地沟通设计意图,无须解读复杂的电子表格及明细表。使用着色平面图可以加速设计评审,并将设计师的设计准则呈现给客户审核和确认。色彩填充与模型中的参数值相关联,因此当设计变更时,平面图可自动更新。创建任意数量的示意图,并在单元周期内轻松维护这些示意图。

2. 为暖通风道及管道系统建模 ▼

暖通功能提供了针对管网及布管的三维建模功能,用于创建供暖通风系统。即使是初次使用的用户,也能借助直观的布局设计工具轻松、高效地创建三维模型。可以使用内置的计算器一次性确定总管、支管,甚至整个系统的尺寸。设计师几乎可以在所有视图中,通过在屏幕上拖放设计元素来修改设计,从而轻松修改模型。在任何一处视图中做出的修改,所

有的模型视图及图纸都能自动协调变更,因此其能够始终提供准确一致的设计及文档。

3. 提供电力照明电路

通过使用电路来追踪负载、连接设备的数量及电路长度,最大限度地减少电气设计错误。定义导线类型、电压范围、配电系统及需求系数,有助于确保设计中电路连接的正确性,防止过载及错配电压。在设计时,其能够识别电压下降,应用减额系数,甚至可以计算配电盘的预计需求负载,进而调整设备。此外,设计师还可以充分利用电路分析工具,快速计算总负载并生成报告,获得精确的文档。

4. 支持电力照明计算

Revit MEP 利用流明法,可根据房间内的照明装置自动估算照明级别。设置室内平面的反射值,将行业标准的 IES(美国照明工程学会)数据附加至照明系统,根据工作平面的定义高度,Revit MEP 会自动估算房间的平均照明值。

5. 为给水排水系统建模

借助 Revit MEP,可以为管道系统布局创建全面的三维参数化模型。借助智能的布局工具,可轻松、快捷地创建三维模型。只需在屏幕上拖动设计元素,就可同时在几乎所有视图中更改设计。Revit MEP 可以根据行业规范设计倾斜管道。在设计时,只需定义坡度并进行管道布局,该软件就会自动布置所有的升高和降低,并计算管底高程。在任何一处视图中做出修改时,所有的模型视图及图纸都能自动协调变更,因此 Revit MEP 始终能够提供准确一致的设计及文档。

6. 提供参数化构件

参数化构件是 Revit MEP 中所有建筑元素的基础。它们为设计思考和创意构建提供了一个开放的图形式系统,同时让设计师能以逐步细化的方式来表达设计意图。参数化构件可用于最错综复杂的建筑设备及管道系统的装配。最重要的是,无须借助任何编程语言或代码。

7. 具有双向关联性

所有 Revit MEP 模型信息都存储在一个位置,任何一处变更,所有相关内容随之自动变更。因此,任何信息的变更都可以同时有效地更新到整个模型中。参数化技术能够自动管理所有变更。

8. 支持 Revit Architecture

由于 Revit MEP 基于 Revit 技术(不是基于 CAD 的),因此在复杂的建筑设计流程中,可以非常轻松地在设备专业团队成员之间以及与使用 Revit Architecture 软件的建筑师之间进行协作。Revit Architecture 模型是支持工程设计标准的最佳方法，可将建筑空间共享给 Revit MEP 使用。Revit MEP 可根据建筑空间来支持负载计算、追踪室内气流，并协调配电盘明细表等。

9. 支持 Revit Structure ▼

借助 Revit MEP，设计团队可以与使用 Revit Structure 软件的结构工程师进行全面的制图协作。采用建筑信息模型，可以在设计早期发现建筑设备与结构设计之间的潜在冲突，从而节约成本。

10. 提供建筑性能分析工具 ▼

借助建筑性能分析工具，可以充分发挥建筑信息模型的效能，为决策制定提供更好的支持。它能够为可持续性设计提供显著助益，为改善建筑性能提供支持。通过使用 Revit MEP 和 IES Virtual Environment 软件集成，还可执行冷热负载分析、LEED 日光分析和热能分析等多种分析。

11. 支持暖通能耗和负载分析(gbXML) ▼

Revit MEP 支持设计师将建筑模型导入 gbXML(绿色建筑扩展性标志语言)，用于能源与负载分析。分析结束后，可重新导回数据，并将结果存入模型。如果要进行其他分析和计算，可将相同的信息导出到电子表格，以便与不使用 Revit MEP 软件的团队成员共享。

12. 发布 DWF 文件 ▼

单击操作，即可将设计师的设计发布为 DWF 文件，便于利用 Autodesk Design Review 轻松查看。利用 Revit MEP 创建的三维 DWF 文件包含完整的工程数据，便于更好地沟通设计意图。借助 DWF 技术，团队成员还可以进行审阅，并添加红线批注，使 DWF 标准成为高效、快速分发和共享的有效方法。

单元 2 参数化的意义

○ ○ ○

术语"参数化"是指设计中所有图元之间的关系，这些关系可实现 Revit MEP 提供的协调、修改和管理功能。这些关系可以由软件自动创建，也可以由设计者在单元开发期间创建。在数学和机械 CAD 中，定义这些关系的数字或特性称为参数，因此该软件的运行是参

数化的。该功能为 Revit MEP 提供了基本的协调能力和生产效率优势:任何时间在单元中的任何位置进行任何修改,Revit MEP 都能在整个单元内协调该修改。

单元 3　Autodesk Revit MEP 的重要特性

建筑信息模型应用程序的一个基本特性是,可以随时协调修改并保持一致性。用户无须手动更新图或链接。当某项内容被修改时,Revit MEP 会立即确定该修改所影响的图元,并将修改反映到所有受影响的图元。

Revit MEP 具有两个重要的特性,使其功能非常强大且易于使用。第一个特性是可以在设计者工作期间捕获关系,第二个特性是可以传播建筑修改。这些特性的作用是使软件可以像人那样智能化工作,而不要求输入对于设计无关紧要的数据。

单元 4　参数化模型中的图元行为

在单元中,Revit MEP 使用三种类型的图元,如图 1-1 所示。下面分别进行介绍。

(1)模型图元:表示建筑的实际三维几何图形,它们显示在设计的相关视图中。例如,水槽、锅炉、风管、喷水装置和配电盘等,都是模型图元。

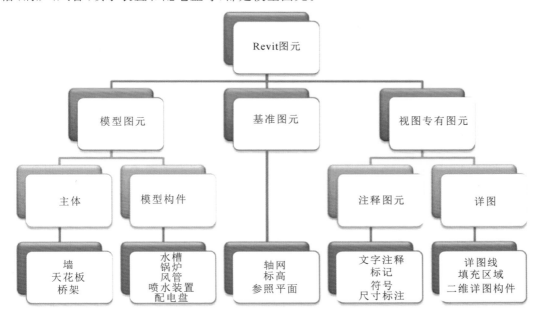

图 1-1　Revit MEP 图元

（2）基准图元：可帮助定义单元上下文。例如，轴网、标高和参照平面等都是基准图元。

（3）视图专有图元：只显示在放置这些图元的视图中，它们可帮助对设计进行描述或归档。例如，尺寸标注、标记、符号和二维详图构件都是视图专有图元。

模型图元有以下两种类型：

（1）主体（或主体图元）：通常在构造场地构建。例如，墙和天花板是主体。

（2）模型构件：建筑模型中其他所有类型的图元都称为模型构件。例如，水槽、锅炉、风管、喷水装置和配电盘等。

视图专有图元有以下两种类型：

（1）注释图元：是对模型进行归档并在图纸上保持比例的二维构件。例如，符号、尺寸标注、标记和文字注释等都是注释图元。

（2）详图：是在特定视图中提供有关建筑模型详细信息的二维项。例如，详图线、填充区域和二维详图构件等。

这些实现内容为设计者提供了设计灵活性。Revit MEP 图元设计可以由用户直接创建和修改，无须进行编程。在 Revit MEP 中，绘图时可以定义新的参数化图元。

在 Revit MEP 中，图元通常根据其所在结构中的位置来确定自己的行为。上下文是由构件的绘制方式，以及该构件与其他构件之间建立的约束关系确定的。通常，要建立这些关系，无须执行任何操作，用户执行的设计操作和绘制方式已隐含了这些关系。在其他情况下，可以显式控制这些关系，如通过锁定尺寸标注或与墙对齐等。

单元 5　　理解 Autodesk Revit MEP 术语

用于标识 Revit MEP 对象的多数术语是大多数工程师熟悉的常用业界标准术语。但是，有些术语是 Revit MEP 专用的。了解下列术语对于了解 Revit MEP 软件非常重要。

1. 单元

在 Revit MEP 中，单元是单个设计信息数据库——建筑信息模型。单元文件包含建筑的所有设计信息（从几何图形到构造数据）。这些信息包括用于设计模型的构件、单元视图和设计图纸。通过使用单个单元文件，Revit MEP 令用户不仅可以轻松地修改设计，还可以使修改反映在所有关联区域（如平面视图、立面视图、剖面视图、明细表等）中。由于仅需跟踪一个文件，因此单元管理十分方便。

2. 标高

标高是无限水平平面用于屋顶、楼板和天花板等以层为主体的图元的参照。标高大多

用于定义结构内的垂直高度或楼层。用户可为每个已知楼层或建筑的其他必需参照(如第二层、墙顶或基础底端等)创建标高。要放置标高,必须处于剖面或立面视图中。

3. 图元

在创建单元时,需要向设计中添加 Revit MEP 参数化建筑图元。Revit MEP 按照类别、族和类型对图元进行分类,如图 1-2 所示。

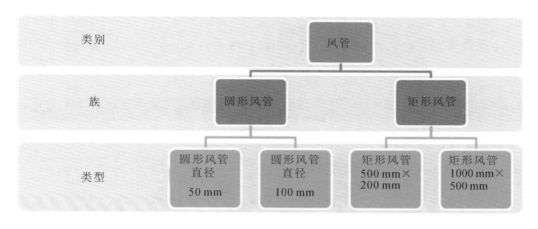

图 1-2　Revit MEP 分类

4. 类别

类别是用于对建筑设计建模或归档的一组图元。例如,模型图元的类别包括机械设备和风道末端,注释图元的类别包括标记和符号。

5. 族

族是某一类别中图元的类。族根据参数(属性)集的共用性、使用方法的相同性和图形表示的相似性来对图元进行分组。一个族中不同图元的部分或全部属性可能有不同的值,但是属性的设置(其名称与含义)是相同的。例如,可以将照明设备视为一个族,虽然构成此族的吊灯可能有不同的尺寸和材质。族有以下三种类型。

1)可载入族

可载入族可以载入单元中,是根据族样板创建的。它们可以确定族的属性设置和族的图形化表示方法。

2)系统族

系统族包括风管、管道和导线。它们不能作为单个文件载入或创建。Revit MEP 预定义了系统族的属性设置及图形表示。

可以在单元内使用预定义类型生成属于此族的新类型。例如,卫浴管件的参数可以在系统中进行预定义。但是,用户可以使用不同组合创建其他类型的管件。系统族可以在单元之间传递。

3) 内建族

内建族是在单元的环境中创建的自定义族。如果用户的单元需要不重复使用的独特几何图形,或需要某个几何图形保持与其他单元几何图形的众多关系之一,则应创建内建族。

由于内建族在单元中的使用受到限制,因此每个内建族都只包含一种类型。用户可以在单元中创建多个内建族,并且可以将同一内建族图元的多个副本放置在单元中。与系统族和标准构件族不同,用户不能通过复制内建族类型来创建多种类型。

6. 类型

各族都可包含多个类型。类型可以是族的特定尺寸,如 A0 的标题栏。类型也可以是样式,如尺寸标注的默认对齐样式或默认角度样式。

7. 实例

实例是放置在单元中的实际项(单个图元),在设计(模型实例)或图纸(注释实例)中有特定的位置。

单元 6 Revit MEP 界面的各组成部分

Revit MEP 界面的布置旨在简化工作流程,即通过几次单击,便可以修改界面以提供更好的、适合用户的使用方式。例如,用户可以将功能区设置为三种显示设置之一,以更高效地使用界面;还可以同时显示若干个单元视图,或按层次放置视图以仅显示最上面的视图。

初学者应熟悉 Revit 界面的组成部分并勤加练习这些部分的功能,如隐藏、显示和重新排列等功能,它们可以为用户提供合适的视图观察和浏览方式。

创建或打开文件时功能区会自动显示,并提供创建文件时必需的所有工具。通过修改面板顺序或从功能区中将面板移出至桌面,还可自定义功能区。可以最小化功能区,从而最大限度地使用绘图区域。

移动面板可采用以下两种操作方法。

(1)单击某个面板标签,然后将该面板拖曳到功能区上所需的位置。

(2)单击某个面板标签,然后从功能区中将该面板拖曳至桌面。要使面板返回到功能区,可单击"将面板返回到功能区"按钮,或将面板拖曳回其原始功能区选项卡(见图 1-3)。

图 1-3　选项卡

1. 功能区选项卡和面板 ▼

提示:如果用户看到某按钮被一条线分为两部分,则单击顶部或左侧部分,可以访问较常用的工具;单击底部或右侧部分,可显示其他相关工具的列表。

可在两侧单击的按钮如图 1-4 所示。

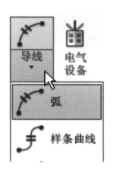

图 1-4　按钮示意图

表 1-1 说明了功能区选项卡及其包含的命令类型。

表 1-1　功能区选项卡及其包含的命令类型

功能区选项卡	包含的命令类型
常用	创建 MEP 设计所需的工具
创建(仅限族文件)	创建和修改图元族所需的工具
插入	添加和管理次级项目(如光栅图像和 CAD 文件)的工具
注释	将二维信息添加到设计中的工具
修改	编辑现有图元、数据和系统的工具。使用"修改"选项卡时,应首先选择工具,然后选择要修改的内容
分析	对当前设计进行分析的工具

续表

功能区选项卡	包含的命令类型
设计	设计专用的工具
协作	与内部和外部项目团队成员进行协作的工具
视图	管理和修改当前视图以及切换视图的工具
管理	对项目、系统参数进行设置的工具
附加模块	与 Autodesk Revit MEP 2016 结合使用的第三方工具。只有在安装第三方工具后,才能启用"附加模块"选项卡

2. 展开的面板

面板底部的下拉箭头表示用户可以展开面板,以显示其他工具和控件,如图 1-5 所示。默认情况下,当用户单击其他面板时,展开的面板会自动关闭。要使面板始终保持展开状态,应单击展开面板上的图标。

图 1-5 展开面板

单击面板底部右侧的对话框启动箭头将打开一个对话框,如图 1-6 所示。

图 1-6 对话框启动箭头

3. 上下文功能区选项卡

执行某些命令或选择图元时,将显示某个特殊的上下文功能区选项卡,该选项卡包含的工具集仅与对应命令的上下文相关,如图 1-7 所示。

例如,添加风管时,将显示"放置风管"上下文功能区选项卡,其包含以下三个面板。

(1)选择:包含"修改"命令。

图 1-7　上下文功能区选项卡

（2）图元：包含"图元属性"和"类型选择器"。

（3）放置工具：包含放置和连接风管所需的放置工具。

结束该命令后，该上下文功能区选项卡将关闭。

4.应用程序框架概述

应用程序框架包含相关工具，并提供帮助用户管理 Revit MEP 单元的反馈。应用程序菜单如图 1-8 所示。

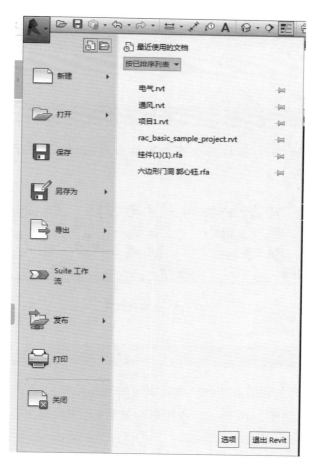

图 1-8　应用程序菜单

应用程序框架由五个主区域组成，如表 1-2 所示。

表 1-2　应用程序框架

应用程序窗口工具	说明
应用程序按钮	单击打开应用程序菜单,双击关闭应用程序菜单
应用程序菜单	用于访问常用工具
快速访问工具栏	显示常用的工具
信息中心	提供请求的信息
状态栏	显示与 Revit 操作的当前状态相关的信息

5.应用程序菜单 ▽

通过应用程序菜单,可以访问许多常用的文件操作,还可以使用更高级的命令(如"导出"和"发布"等)来管理文件。

注意:Revit MEP 选项在应用程序菜单上的"选项"中进行设置。在应用程序菜单中访问常用工具可以启动或发布文件。

6.选项栏 ▽

选项栏位于功能区下方,其内容根据当前命令或选定图元的变化而变化,如图 1-9 所示。

图 1-9　选项栏设置

7.类型选择器 ▽

类型选择器位于当前调用工具(如"放置墙")的图元面板上,其内容根据当前功能或选定图元的变化而变化,如图 1-10 所示。在图形中放置图元时,使用类型选择器可以指定要添加的图元类型。

要将现有图元修改为其他类型,应先选择一个或多个同种类别的图元,然后使用类型选择器选择所需类型,如图 1-11 所示。

图 1-10　修改图元类型

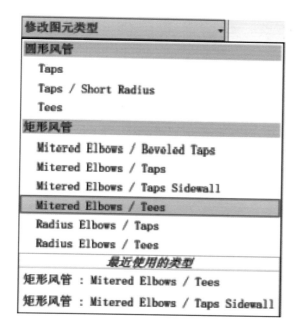

图 1-11　修改图元类型

8.视图控制栏 ▼

　　视图控制栏位于 Revit 窗口底部、状态栏上方。通过视图控制栏可以快速访问绘图区域的功能(见图 1-12),相关功能分别介绍如下。

图 1-12　视图控制栏

① 比例。

② 详细程度。

③ 模型图形样式。

④ 日光路径。

⑤ 打开阴影/关闭阴影。

⑥ 显示/隐藏渲染对话框（仅当绘图区域显示三维视图时才可用）。

⑦ 打开/关闭裁剪视图。

⑧ 显示/隐藏裁剪区域。

⑨ 临时隐藏/隔离。

⑩ 显示隐藏的图元。

4号食堂给水排水模型的搭建

模块导读

本模块主要介绍 Revit MEP 2016 给水排水专业软件,给水排水专业软件主要包括给水排水和消防两个模块。给水排水部分提供了便捷的卫浴布置和管道绘制模块,并且提供了快速的卫浴与管道连接功能;消防模块主要是进行喷淋系统的快速搭建,可以实现快速的定管径命令,并且提供消火栓的连接功能。对于管道调整方面,Revit MEP 2016 也提供了升降偏移命令,可以快速地对碰撞位置进行处理。

学习目标

(1)学会创建给水排水、消防系统样板;

(2)会添加不同类型管道和系统过滤器;

(3)掌握管道绘制方法与阀门放置使用方法;

(4)掌握消防系统的设备布置方法;

(5)会连接消防系统设备与管道。

单元 1　　单元准备

Revit MEP 提供了强大的管道设计功能。利用这些功能,给排水工程师可以更加方便地布置管道、调整管道尺寸、控制管道显示、进行管道标注和统计等。

1. 图纸拆块与处理

使用 AutoCAD 软件打开水暖图纸.dwg 文件,框选"半地下室给排水、消火栓平面",然后按 W 键,将出现如图 2-1 所示对话框。

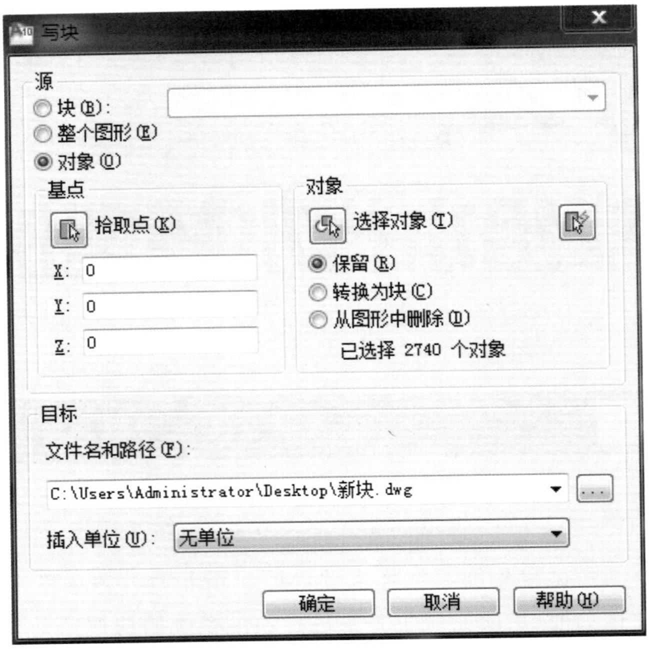

图 2-1　"写块"对话框

单击"插入单位"右侧的下拉列表,将单位设置为"毫米"。单击"文件名和路径"文本框右侧的按钮设置相应的路径,如图 2-2 所示。

图 2-2　单位与路径设置

根据拆图方式将设备所有专业图纸按层进行拆分,接下来需对图纸进行处理。

单击软件界面左上角的 AutoCAD 标志按钮,选择"图形实用工具"→"清理"命令,如图 2-3 所示。在弹出的对话框中根据实际情况设置未使用项目,如无须设置直接选择"全部清理"→"清理此项目"命令,如图 2-4 所示。

图 2-3　选项菜单

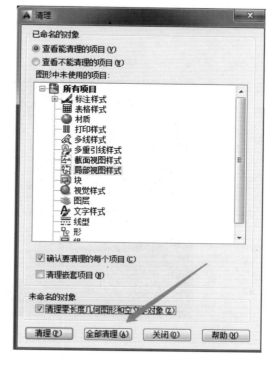

图 2-4　"清理"对话框

2. 样板文件创建

单击软件界面左上角 Revit 标志按钮,选择"新建"→"项目"命令,打开"新建项目"对话框,如图 2-5 所示。

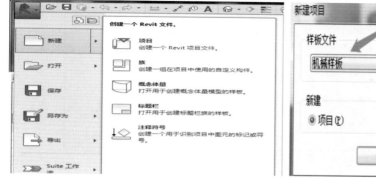

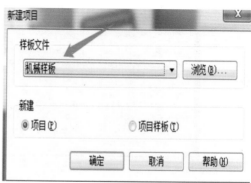

图 2-5　新建项目

在"管理"选项卡中单击"项目参数"按钮，在弹出的"项目参数"对话框中单击"添加"按钮，如图 2-6 所示，在"参数属性"对话框的"名称"栏输入"视图分类-父"，设置"规程"为"公共"，设置"参数类型"为"文字"，设置"参数分组方式"为"图形"。在右侧"类别"选项组中勾选"视图"，然后单击"确定"按钮，如图 2-7 所示。使用同样的步骤创建"视图分类-子"。

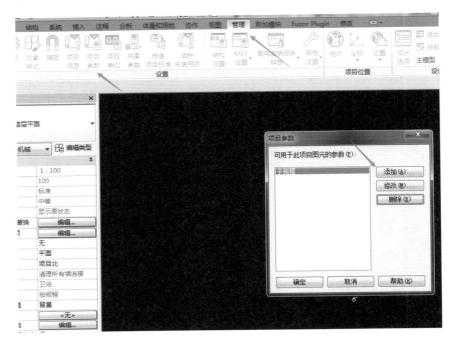

图 2-6　"项目参数"对话框

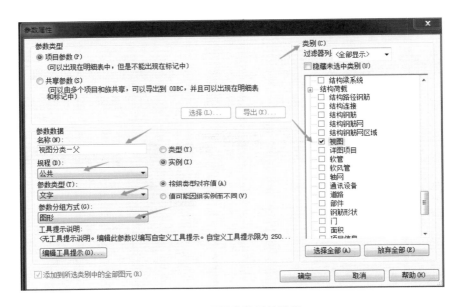

图 2-7　项目参数属性设置

在"视图"选项卡中选择"用户界面"→"浏览器组织"命令,如图 2-8 所示。在弹出的"浏览器组织"对话框中,单击"新建"按钮,创建一个名称为"4 号食堂给排水"的视图,如图 2-9 所示。

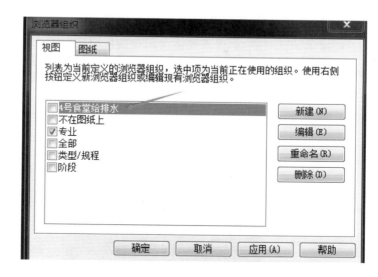

图 2-8　用户界面　　　　　　　图 2-9　"浏览器组织"对话框

在"浏览器组织"对话框中单击"编辑"按钮,出现"浏览器组织属性"对话框。在"成组和排序"选项卡中,设置"成组条件(G)"为"视图分类-父",设置"否则按(B)"为"视图分类-子",设置"否则按(Y)"为"族与类型"。在"排序方式"栏选择"视图名称",选择"升序"或者"降序"单选框,最后单击"确定"按钮,如图 2-10 所示。

将父规程与子规程分别设置为"给排水系统"和"给排水",项目浏览器的最终成果如图 2-11 所示。

图 2-10　浏览器组织属性设置　　　　　图 2-11　项目浏览器最终成果

3.标高与轴网绘制 ▼

1)标高复制

首先将建筑模型链接到项目文件中。在功能区选择"插入"→"链接 Revit"命令,打开"导入/链接 RVT"对话框,选择要链接的建筑模型"ZDSC-Z-A.rvt",并在"定位"一栏中选择"自动-原点到原点",单击右下角的"打开"按钮,单击右侧项目浏览器中建筑立面中的"东-给排水",如图 2-12 所示,这样建筑模型就成功链接到了项目文件中。完成链接后,单元中存在两类标高:一类是链接的建筑模型标高,另一类是 4 号食堂给排水样板自带的标高。下面可以通过复制/监视的方法实现链接。

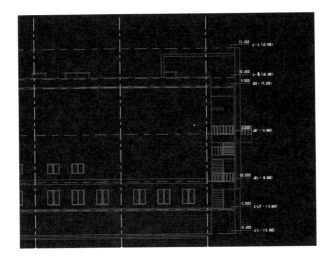

图 2-12　给排水立面图

在功能区选择"协作"→"复制/监视"→"选择链接"命令,如图 2-13 所示。

图 2-13　选择链接

在绘图区域中单击链接模型,激活"复制/监视"选项卡,单击"复制"按钮激活"复制/监视"选项栏,如图 2-14 所示。

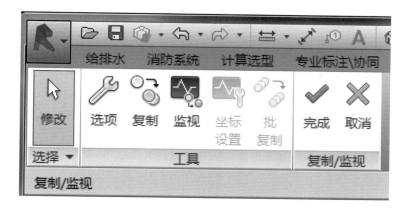

图 2-14 "复制/监视"选项栏

2)创建平面视图

创建与建筑模型标高对应的平面视图,其具体操作步骤如下。

复制标高后,在功能区选择"视图"→"平面视图"→"楼层平面"命令,打开"新建楼层平面"对话框。

在列表中选择一个或多个标高,然后单击"确定"按钮。平面视图名称将显示在单元浏览器中(见图 2-15),其他类型的平面视图的创建与上述类似。为了和模板中的视图名称保持一致,修改刚创建好的平面视图名称为"建模-×层给水排水平面图"。本单元以地下一层和首层为例,修改视图名称为"地下一层给水排水平面图"和"首层给水排水平面图"。同时,修改楼层平面属性"视图分类-父"为"给排水系统",修改"视图分类-子"为"给排水",如图 2-16 所示。

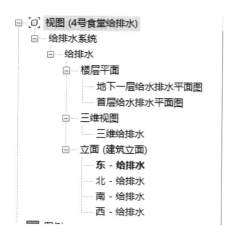

图 2-15 平面视图的创建

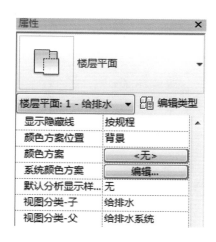

图 2-16 视图分类

3）轴网复制

在"楼层平面"中选择"地下一层给水排水平面图"进入平面视图，在协作选项卡中选择"复制/监视"→"选择链接"命令，选中链接模型，然后单击"复制"按钮，单选每个轴网后单击"完成"按钮，完成创建工作。

单元 2　　给水排水系统

1. 管道类型的设置

本单元主要以地下一层和首层的排水系统为例进行介绍。首先通过建校水暖出图板得到相关信息：排水采用优质 PVC-U 螺旋消声管，粘接；连接卫生器具的排水管采用优质 PVC-U 塑料管，粘接。需将以上信息设置到管道类别中。在菜单栏选择"系统"→"管道"命令，弹出初始的管道属性栏（见图 2-17）。单击"编辑类型"按钮，弹出"类型属性"对话框，单击"复制"按钮将名称改为"排水系统-PVC-U-粘接"。在"布管系统配置"对话框中，将"管段"设置为"PVC-U-GB/T 5836"（见图 2-18）。将弯头、连接、四通、过渡件、活接头、管帽设置为 PVC-U-粘接管件（见图 2-19）。

图 2-17　管道属性栏

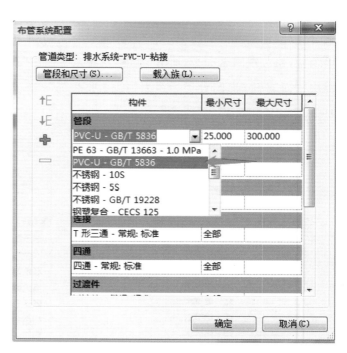

图 2-18　"布管系统配置"对话框

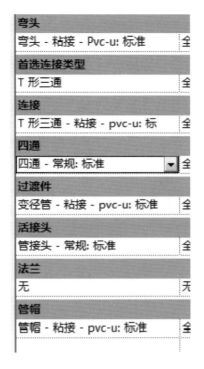

图 2-19　布管系统配置栏

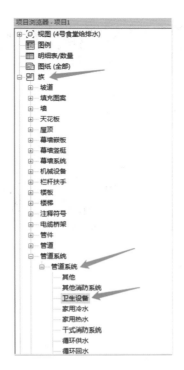

图 2-20　项目浏览器族系统

2. 管道系统的设置

在右侧项目浏览器中选择"族"→"管道系统"→"卫生设备"(见图 2-20),右击"卫生设备",将其重命名为"排水系统"。双击"排水系统"弹出"类型属性"对话框(见图 2-21),在对话框中单击"材质"栏右侧的"<按类别>"按钮,弹出"材质浏览器"对话框,在其中设置名称为 PVC-U,如图 2-22 所示。在"图形"选项卡中设置"颜色"为红 128、绿 0、蓝 0,单击"确定"按钮,如图 2-23 所示。

图 2-21　"类型属性"对话框

图 2-22　"材质浏览器"对话框

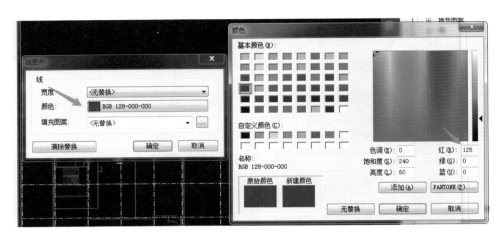

图 2-23　颜色设置

3.系统过滤器的搭建

使用 VV 快捷键打开"楼层平面:一层给水排水平面图的可见性/图形替换"对话框,在其中选择"过滤器"→"编辑/新建"命令,在左侧过滤器栏新建过滤器,将名称设置为"给水系统",单击"确认"按钮。在"过滤器列表"栏中勾选"管件""管道""管道附件","过滤条件"选择"系统类型""等于""给水系统",如图 2-24 所示。根据上述方法结合图纸完成给水系统、排水系统的设置。

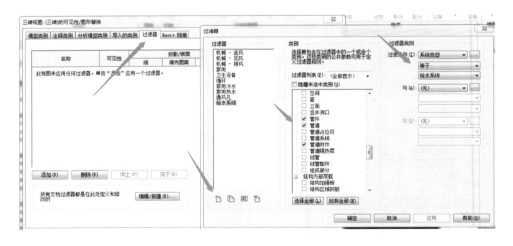

图 2-24　"过滤器"对话框

4.链接图纸与基点调整

1)链接图纸

在菜单栏中选择"插入"→"链接 CAD"命令,选中拆分好的"半地下室给排水、消火栓平面"图纸，"导入单位"设置为"毫米"，"定位"保持默认值，勾选"仅当前视图"单选框，如图 2-25 所示，最后单击"打开"按钮即可。

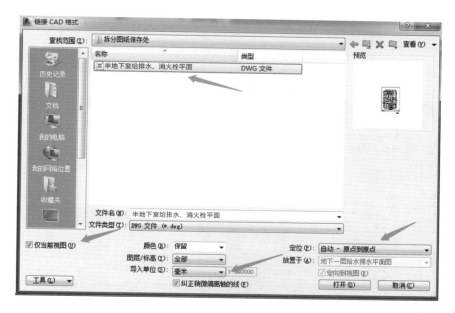

图 2-25　链接 CAD

右击鼠标，在弹出的快捷菜单中选择"缩放匹配"，选中链接进来的 DWG 文件，单击，解锁，对齐之前复制好的轴网，将图纸与轴网都锁定（PN），如图 2-26 所示。

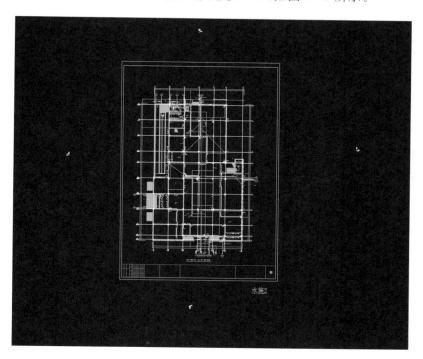

图 2-26　链接成功的效果

2）基点调整

单击切换至一层给水排水平面图,使用 VV 快捷键打开"楼层平面:一层给水排水平面图的可见性/图形替换"对话框,在"模型类别"选项卡中勾选"场地"和"项目基点",如图 2-27 所示,单击"确定"按钮。单击平面上项目基点,选择"修改点剪切状态",将基点移动至轴网 A1 交点处。

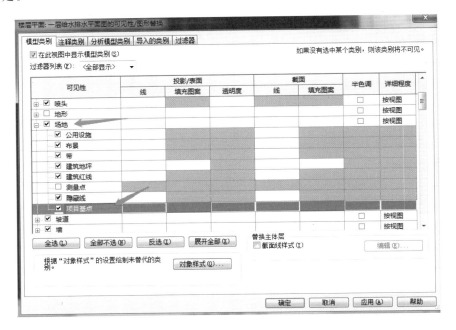

图 2-27　基点设置

5. 管道绘制

1）水平管道绘制

以一层给排水平面图中 7 轴与 F 轴 JL-1 给水管为绘制对象,首先选择"系统"→"管道"命令,弹出放置管道对话框,根据平面图与系统图设置偏移量(管道的标高)、管段(管道类型)、直径(管道直径),如图 2-28 所示。以图纸为参照,单击管道将其从起点拖曳至终点,完成绘制。若要设置管道不可见,需在属性栏左侧单击"视图范围"右侧的"编辑"按钮,在弹出的"视图范围"对话框中,将"视图深度"栏的"偏移量(S)"设置为"-2000.0"(大于管线标高),如图 2-29 所示。将软件下侧 1：100 右侧的精细程度与视觉样式分别设置为"精细"与"着色"。

如遇三通位置,可右击绘制好的管道,然后选择类似的实例(免去频繁设置管道参数),待左侧属性栏出现管道类型,光标变为十字,此时单击三通交点处(见图 2-30),向上拖曳,单击"确定"。单击弯头,待弯头左侧出现"＋"号,单击"＋"号可生成三通,如图 2-31 所示。

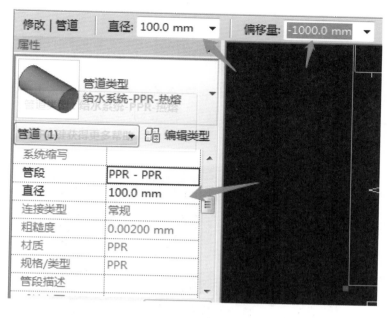

图 2-28 管道配置

图 2-29 视图范围设置

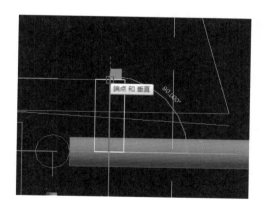

图 2-30 三通交界处

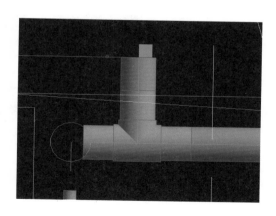

图 2-31 三通绘制

2）垂直管道绘制

以 JL-1 立管为例，绘制立管。首先根据图纸计算出立管的底高度与顶高度分别为
－5400 mm 和±0.000（一般与楼层高度相同），然后右击管道创建类似实例，并设置管道参
数，将偏移量设置为"－5400"。在立管位置单击，将偏移量修改为 0，单击应用 2 次，立管绘
制成功。在三维视图中选中弯头，选择"修改"→"连接到"命令，单击立管，此时水平管道与
垂直管道连接成功，如图 2-32 所示。

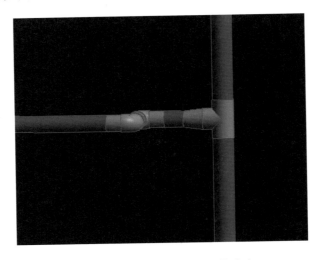

图 2-32　水平与垂直管道连接成功

6.卫浴设备 ▼

因为 Revit 中自带的卫浴设备族库较少，所以我们需使用构件族进行卫浴设备设计。
首先根据图纸在构件族中下载拖布池与水龙头（下载带管道连接件的族），如图 2-33 所示。
根据图纸中水龙头与拖布池高度进行卫浴设备放置，选择"系统"→"卫浴装置"命令，放置下
载的族文件。单击卫浴设备，将其连接到选择管道，完成连接，如图 2-34 所示。

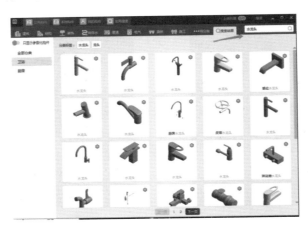

图 2-33　族下载

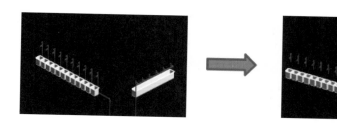

图 2-34　卫浴设备连接管道前后对比

7. 水管阀件

由于 Revit 中自带的阀件族较少，我们通过鸿业机电插件进行阀门放置。在选项卡中选择"给排水"→"水管阀件"（可通过名称列表、三维列表及关键字搜索来查找相应水阀），根据图纸找到对应阀件。单击"布置"按钮，在视图中布置相应的水阀。水阀种类如图2-35所示，管道上布置阀件后效果如图2-36所示。

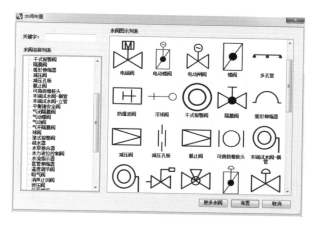

图 2-35　水阀种类

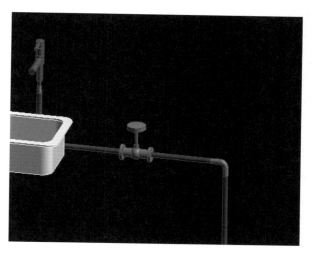

图 2-36　水阀布置图

8. 系统图 ▼

绘制好排水系统管道以后，则可以利用"标注出图"模块中"系统图"命令进行出图。单击"系统图设置"命令，可以提前对各类管道附件和设备进行映射关系的设置。在界面左侧族信息中选择需要建立对应关系的族，在界面右侧选择图例信息及图例角度。选定后，单击"映射系统图图例"按钮，确定映射关系，左侧族中将出现已经建立的映射。

在功能区选择"标注出图"→"系统图"命令，打开"系统图"对话框，设置各参数以后，单击"确定"按钮。在视图中选取一个管道系统，则可以自动生成该系统的系统图，如图 2-37 所示。

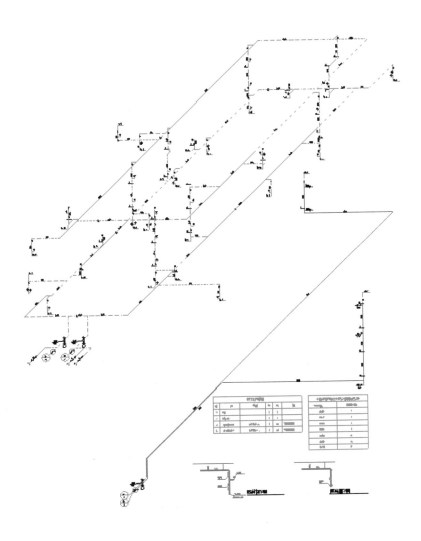

图 2-37　系统图生成

9. 材料表

材料表功能用于对单元中的材料进行统计,还可以输出材料表。

在功能区选择"给水排水"→"材料表"命令,打开"材料统计"对话框中"图面选择",通过框选视图中对象来确定所要的范围;"条件设置自动统计"可以选择特定的标高进行对象过滤。还可以进行材料的添加、编辑、删除等操作。单击"添加"按钮,可以进行方案添加操作,在对话框中分别设置"基本信息""统计类别""表头设计""对象过滤";单击"编辑"按钮,可以编辑方案,其界面与新建不同;单击"删除"按钮,可以删除方案。

材料统计在图面上以表格的形式出现,如图 2-38 所示。

材料表

序号	图例	名称	规格	单位	数量	备注
1		管道类型_给水_x60	63 mm	m	1	
2		管道类型_给水_x60	90 mm	m	1	
3		管道类型_给水_x60	110 mm	m	8	
4		管道类型_给水_x60	160 mm	m	59	
5		管道类型_给水_x80	63 mm	m	2	
6		管道类型_给水_x80	90 mm	m	50	

图 2-38 图面格式材料表

对单元中的材料还可以进行统计并输出 Excel 材料表,在功能区中选择"给水排水"→"Excel 材料表",打开的"快速统计表"对话框如图 2-39 所示。

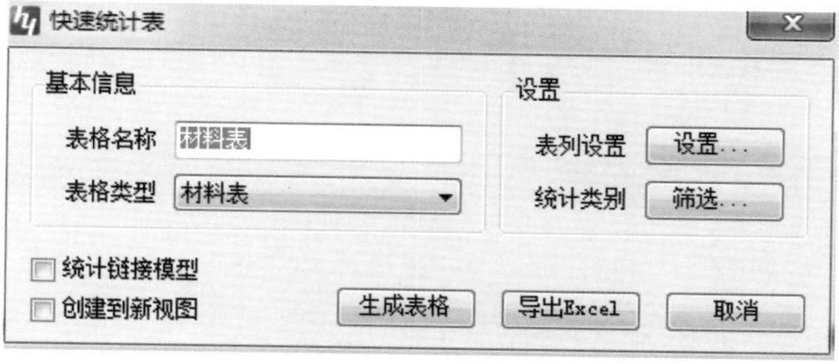

图 2-39 "快速统计表"对话框

其中,"图面选择"通过在视图中框选对象来确定所要统计的范围;"条件设置自动统计"可以选择标高作为过滤条件。同样地,可以进行材料表的添加、编辑、删除等操作,其过程与材料表的操作类似。

单元 3　消防系统

1. 管道类型的设置 ▽

下面主要以地下室喷淋系统为例进行介绍。首先通过建校水暖出图板得到相关信息：喷淋系统与消火栓采用内外壁热镀锌钢管，DN≤50 丝接；DN＞50 沟槽连接。需要将以上信息设置到管道类别中。在菜单栏中选择"系统"→"管道"命令，将弹出初始的管道属性栏（见图 2-17）。单击"编辑类型"按钮，将弹出类型属性状态栏，单击"复制"按钮将名称改为"喷淋系统、消火栓-内外壁热镀锌钢管"。在"布管系统配置"对话框中，将"管段"设置为"内外壁热镀锌钢管"，如图 2-40 所示。分别将弯头、连接、四通、过渡件、接头、管帽设置成丝接、沟槽管件，如图 2-41 所示。

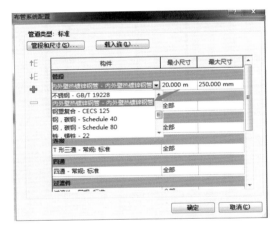

图 2-40　布管系统配置

弯头		
弯头_丝接：标准	15.000 m	50.000 mm
弯头_卡箍：标准	65.000 m	350.000 mm
首选连接类型		
T 形三通	全部	
连接		
变径三通_丝接：标准	15.000 m	50.000 mm
等径三通_丝接：标准	65.000 m	350.000 mm
变径三通_卡箍：标准	15.000 m	50.000 mm
等径三通_卡箍：标准	65.000 m	350.000 mm
四通		
四通_丝接：标准	15.000 m	50.000 mm
四通_卡箍：标准	65.000 m	350.000 mm
过滤件		
变径_丝接：标准	15.000 m	50.000 mm
变径_卡箍：标准	65.000 m	350.000 mm

图 2-41　布管系统配置明细

2. 管道系统的设置 ▽

在右侧项目浏览器中依次展开"族"→"管道系统"→"预作用消防系统"（见图 2-42），右击其下的项目，分别重命名为"喷淋系统"和"消火栓系统"。双击"喷淋系统"弹出"类型属性"对话框，单击"材质"栏右侧的"＜按类别＞"按钮，弹出"材质浏览器"对话框，在其中选择"内外壁热镀锌钢管"（见图 2-43）。单击"图形替换"右侧的"编辑"按钮，在弹出的"线图形"对话框中设置"颜色"为红 255、绿 0、蓝 128，单击"确定"按钮完成设置，如图 2-44 所示。

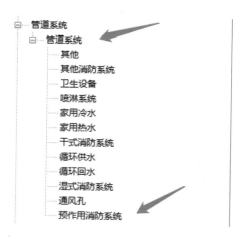

图 2-42 项目浏览器族系统

图 2-43 材质浏览器

3. 系统过滤器的搭建 ▽

使用 VV 快捷键打开"楼层平面:半地下室喷淋平面图的可见性/图形替换"对话框,在其中单击"过滤器"选项卡。在"过滤器"选项卡左侧"过滤器"栏新建"喷淋系统",在过滤器列表栏中勾选"管件""管道""管道附件",设置"过滤条件"为"系统类型""等于""喷淋系统",如图 2-45 所示。

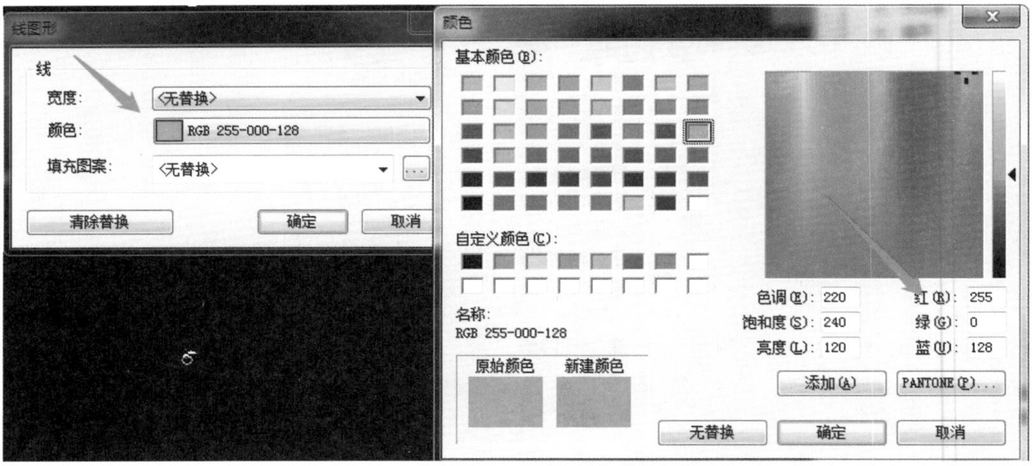

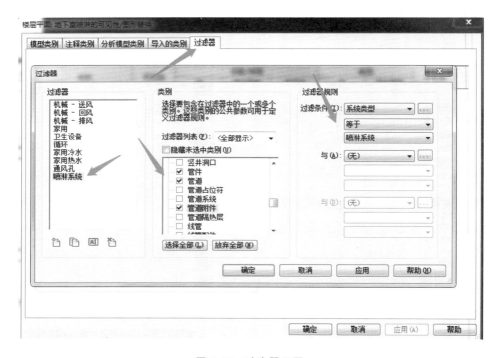

图 2-44　颜色设置

图 2-45　过滤器设置

4. 链接图纸与基点调整

1）链接图纸

在菜单栏中选择"插入"→"链接 CAD"命令,选中拆分好的"半地下室喷淋平面图"图纸。"导入单位"设置为"毫米","定位"保持默认值,勾选"仅当前视图",如图 2-46 所示。最后单击"打开"按钮即可完成链接。

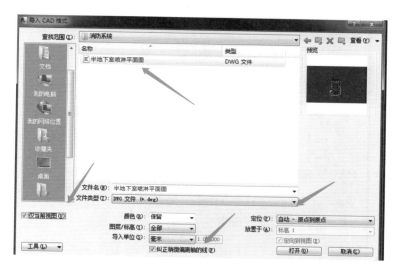

图 2-46　链接 CAD

右击,在弹出的快捷菜单中选择"缩放匹配"命令,选中链接的 DWG 文件,单击,解锁,对齐之前复制好的轴网,将图纸与轴网都锁定(PN),如图 2-47 所示。

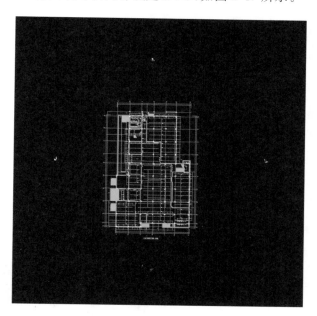

图 2-47　链接成功的效果

2)基点调整

单击切换至半地下室喷淋平面图,使用 VV 快捷键打开"楼层平面:半地下室喷淋平面图的可见性/图形替换"对话框,在"模型类别"选项卡中勾选"场地"和"项目基点",如图 2-48 所示,单击"确定"按钮。单击平面上项目基点,选择"修改点剪切状态",将基点移动至轴网 A1 交点处。

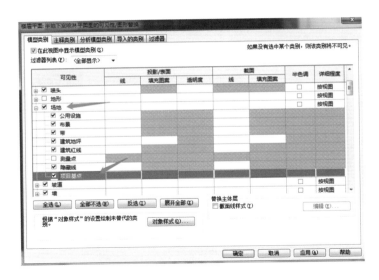

图 2-48 基点设置

5.管道绘制 ▼

1)水平管道绘制

以半地下室喷淋平面图中 7 轴与 D 轴的喷淋主管为绘制对象,首先选择"系统"→"管道"命令,弹出"放置管道"对话框,须根据平面图与系统图设置偏移量(管道的标高)、系统类型(管道类型)、直径(管道直径),如图 2-49 所示。以图纸为参照,单击管道起点,将其拖曳至终点,完成绘制。若管道不可见,需在属性栏左侧单击"视图范围"右侧的"编辑"按钮,在弹出的"视图范围"对话框中设置"顶(T)"的"偏移量(O)"和"剖切面(C)"的"偏移量(E)"均为"4000.0"(大于管线标高),如图 2-50 所示。将软件下侧 1:100 右侧的精细程度与视觉样式分别设置为"精细"与"着色"。

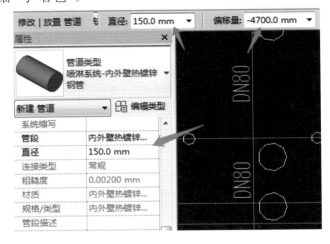

图 2-49 管道配置

图 2-50 视图范围设置

如遇三通位置,可右击绘制好的管道,选择类似实例(避免频繁设置管道参数),待左侧属性栏出现管道类型,光标变为"十"字,此时单击三通交界处(见图 2-51),向上拖曳,单击"确定"。单击弯头,待弯头左侧出现"十"号,单击"十"号可生成三通,如图 2-52 所示。

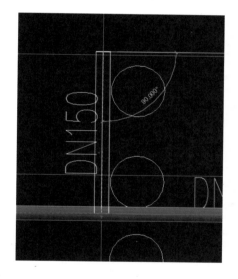

图 2-51 三通交界处

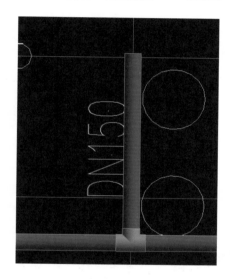

图 2-52 三通绘制

2)垂直管道绘制

以 JL-1 立管为例,绘制立管。首先根据图纸计算出立管的底高度与顶高度分别为一5400 mm 和±0.000(一般与楼层高度相同)。然后右击管道创建类似实例,设置管道参数,将偏移量设置为"一5400"。在立管位置单击,将偏移量修改为 0,单击应用 2 次,立管绘制成功,在三维视图中选中弯头,选择"修改"→"连接到"命令,单击立管,则水平管道与立管连接成功,如图 2-53 所示。

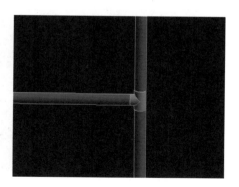

图 2-53 水平管道与立管连接成功

6. 布置喷头

Revit 中自带的消防族库较少,所以我们需使用鸿业机电插件进行消防设计,首先在选项卡选择"消防系统"命令,布置喷头。根据图纸设置喷头类型、喷头参数、喷头标高,如图 2-54 所示。选择"单个布置",在平面图中单击放置。单独选中喷淋头,在选项卡中选择"连接到"命令,单击对应管道,喷头连接完成,如图 2-55 所示。

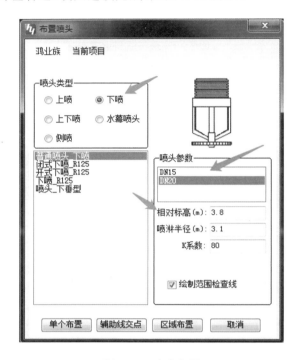

图 2-54　喷头布置

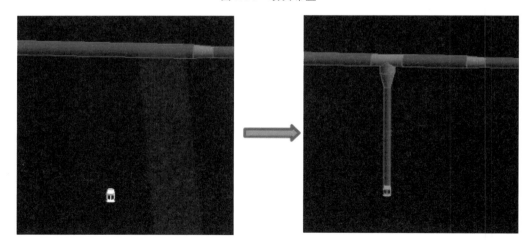

图 2-55　喷头连接

7.布置消火栓 ▼

　　使用 VV 快捷键打开"楼层平面：半地下室消火栓平面的可见性/图形替换"对话框，在其中导入类型，不勾选喷淋平面图而勾选消火栓平面图。在选项卡中选择"消防系统"命令，布置消火栓。根据图纸设置消火栓类型并计算保护半径，如图 2-56 所示。选择"自由布置"，在平面图中单击放置。在上侧选项卡中选择"连接到"命令，单击对应管道，消火栓连接完成，如图 2-57 所示。

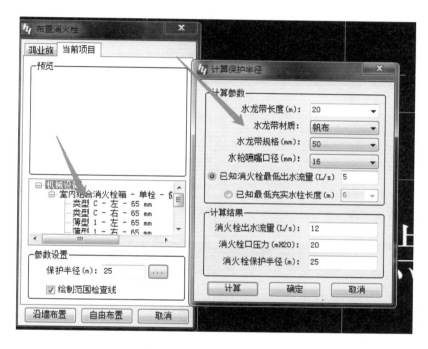

图 2-56　消火栓配置菜单栏

图 2-57　消火栓连接

4号食堂暖通模型的搭建

模块导读

本模块主要介绍 Revit MEP 2016 暖通专业模型,暖通专业模型主要包括通风系统和供热系统两个模块。Revit 暖通系统主要是通过设计风管系统,以满足建筑的供热和制冷需求。可以使用工具来创建风管系统,从而将风道末端和机械设备放置在项目中。可以使用自动系统创建工具创建风管布线布局,从而连接送风和回风系统构件。连接兼容的风管末端和空调设备,从而实现项目所需的加热和制冷效果。

学习目标

(1)掌握暖通系统风管的绘制方法以及设备的布置方法;
(2)通风系统设备与风管的连接;
(3)风管的调整功能。

单元 1　单元准备

中央空调系统是现代建筑设计中必不可少的一部分,尤其是一些面积较大、人流较多的公共场所,更是需要高效、节能的中央空调来实现对空气环境的调节。

本模块将通过案例"食堂暖通设计"来介绍暖通专业在 Revit MEP 中建模的方法,并讲解设置通风系统的各种属性的方法,使读者了解暖通系统的概念和基础知识,学会在 Revit MEP 中建模。

1.图纸拆块与处理

通过 AutoCAD 软件打开水暖图纸.dwg 文件,框选"半地下室通风平面",然后按 W 键,弹出如图 3-1 所示对话框。

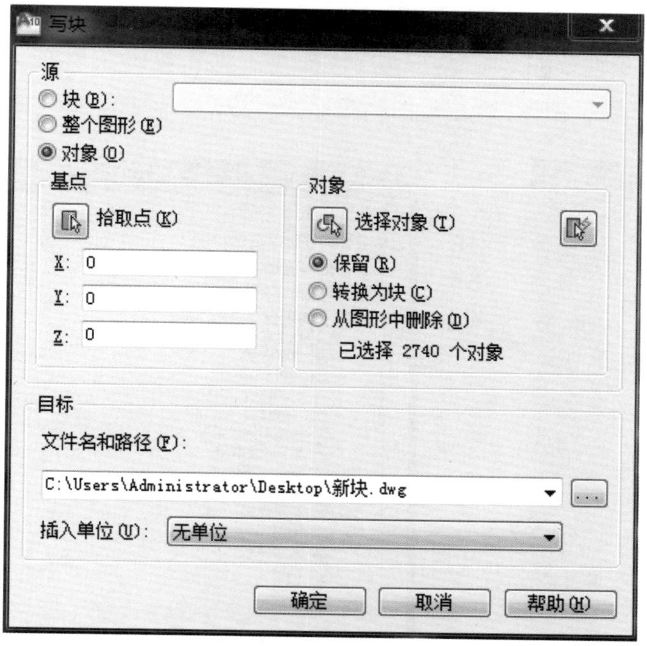

图 3-1　"写块"对话框

单击"插入单位"右侧的下拉列表,将单位设置为"毫米"。单击"文件名和路径"右侧的按钮设置相应的路径,如图 3-2 所示。

图 3-2　单位与路径设置

接下来需对图纸进行处理,单击软件界面左上角的 AutoCAD 标志按钮,选择"图形实用工具"→"清理"命令,如图3-3所示。根据实际情况设置未使用项目,如无须设置则直接选择"全部清理"→"清理此项目"命令,如图 3-4 所示。根据以上步骤对"半地下室通风平面图""半地下室采暖干管平面图"进行裁图处理。

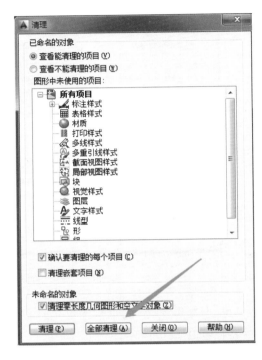

图 3-3　选项菜单　　　　　　　　图 3-4　"清理"对话框

2. 样板文件创建 ▼

单击应用程序菜单按钮,选择"新建"→"项目"命令,打开"新建项目"对话框(见图 3-5)。

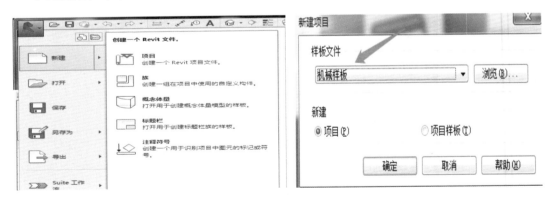

图 3-5　新建项目

依次选择"管理"→"项目参数"→"添加"命令(见图 3-6),在"参数属性"对话框中设置

"名称"为"视图分类-父","规程"设置为"公共","参数类型"设置为"文字","参数分组方式"设置为"图形"。在右侧"类别"选项组中勾选"视图",然后单击"确定"按钮(见图 3-7)。用同样的步骤创建"视图分类-子"。

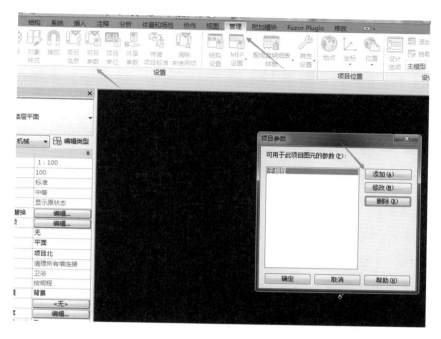

图 3-6　项目参数选项卡

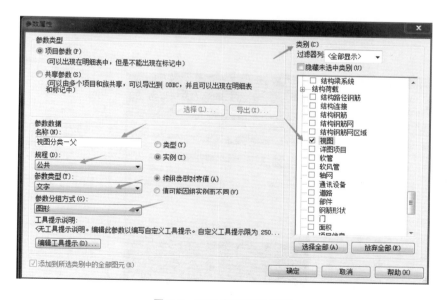

图 3-7　项目参数属性设置

在"视图"选项卡中选择"用户界面"→"浏览器组织"命令,如图 3-8 所示。在弹出的"浏览器组织"对话框中,单击"新建"按钮,创建一个名称为"4 号食堂暖通系统"的视图,如图 3-9 所示。

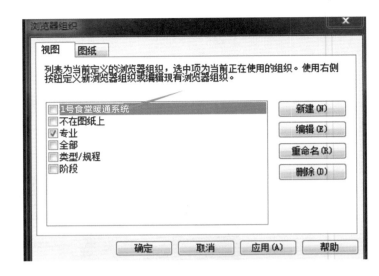

图 3-8　用户界面　　　　　　　　图 3-9　"浏览器组织"对话框

在"浏览器组织"对话框中单击"编辑"按钮,出现"浏览器组织属性"对话框,选择"成组和排序"。在"成组和排序"选项卡中,设置"成组条件"为"视图分类-父",设置"否则按(B)"为"视图分类-子",设置"否则按(Y)"为"族与类型"。在"排序方式"栏选择"视图名称",选择"升序"或者"降序"单选框,最后单击"确定"按钮,如图 3-10 所示。

将父规程设置为暖通系统,将子规程设置为地热系统、通风系统、采暖系统,项目浏览器的最终成果如图 3-11 所示。

图 3-10　浏览器组织属性设置　　　　　　图 3-11　项目浏览器最终成果

3. 标高与轴网绘制 ▽

1）标高复制

首先将建筑模型链接到项目文件中。在功能区选择"插入"→"链接 Revit"命令，打开"导入/链接 RVT"对话框，选择要链接的建筑模型"ZDSC-Z-A.rvt"，并在"定位"一栏中选择"自动-原点到原点"，单击右下角的"打开"按钮，单击右侧项目浏览器中建筑立面中的"东-采暖"，这样建筑模型就成功链接到了项目文件中，如图 3-12 所示。完成链接后，单元中存在两类标高：一类是链接的建筑模型标高，一类是 4 号食堂暖通样板自带的标高。下面可以通过复制/监视的方法实现链接。

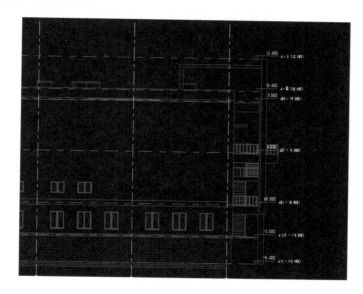

图 3-12　暖通立面

在功能区选择"协作"→"复制/监视"→"选择链接"命令，如图 3-13 所示。

图 3-13　选择链接

在绘图区域中单击链接模型,激活"复制/监视"选项卡,单击"复制"按钮激活"复制/监视"选项栏(见图 3-14)。

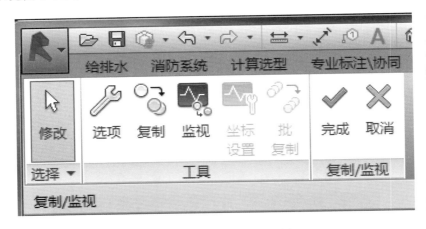

图 3-14 "复制/监视"选项栏

2)创建平面视图

创建与建筑模型标高对应的平面视图,其具体操作步骤如下:

复制标高后,在功能区选择"视图"→"平面视图"→"楼层平面"命令,打开"新建楼层平面"对话框。

在列表中选择一个或多个标高,然后单击"确定"。平面视图名称将显示在单元浏览器中。其他类型的平面视图的创建和上述类似。为了和模板中的视图名称保持一致,修改刚才创建好的平面视图名称为"建模-半地下通风平面图",本单元以地下一层为例,修改视图名称为"半地下通风平面图"。同时修改楼层平面属性"视图分类-父"为"暖通系统","视图分类-子"为"通风系统"。根据上述方法结合图纸设置采暖系统。

3)轴网复制

在"楼层平面"中选中"半地下通风平面图"进入平面视图,在协作选项卡中选择"复制/监视"→"选择链接"命令,选中链接模型,然后单击"复制",单选每个轴网后单击"完成",完成创建工作。

单元 2 通风系统

1. 风管类型的设置

在下面的介绍中,主要以地下一层通风系统为例进行介绍。首先通过建校水暖出图板得到相关信息：风管采用镀锌钢板制作，法兰连接；风口为铝合金制作。需将以上信息设置到风管类别中。在菜单栏中选择"系统"→"风管"命令，弹出初始的管道属性栏（见图3-15）。单击"编辑类型"，弹出"类型属性"对话框，单击"复制"将名称改为"排风系统-镀锌钢板"。在"布管系统配置"对话框中将弯头、连接、四通、过渡件分别设置为矩形弯头、矩形接头-45度接入、矩形四通、矩形变径管，将管帽设置成法兰管件（见图3-16）。

图 3-15　管道属性栏

图 3-16　布管系统配置

2. 风管系统的设置

在右侧项目浏览器中选择"族"→"风管系统"→"排风系统"，右击选择复制，将其重命名为"排烟系统"（图3-17），双击"排风系统"弹出"类型属性"对话框，选择"材质"栏右侧的"<按类别>"，弹出"材质浏览器"对话框，设置项目材质为"镀锌钢板"（图3-18）。

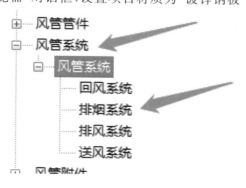

图 3-17　风管系统设置

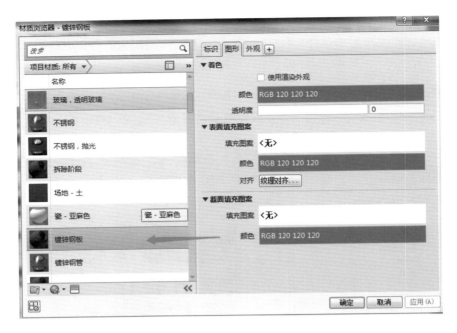

图 3-18　材质设置

3. 系统过滤器的搭建

　　使用 VV 快捷键打开"楼层平面：半地下室通风平面图的可见性/图形替换"对话框，选择"过滤器"→"编辑/新建"，在左侧过滤器栏新建过滤器，将过滤器名称设置为"排风系统"，单击"确认"，在"过滤器列表"栏中勾选"风管""风管内衬""风管占位符""风管管件""风管附件""风管隔热层""风道末端"，在"过滤器规则"选项卡中，"过滤条件"选择"系统类型""等于""排风系统"，如图 3-19 所示。

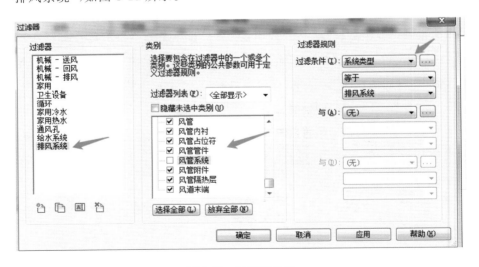

图 3-19　过滤器设置

4. 链接图纸与基点调整

1）链接图纸

在菜单栏中选择"插入"→"链接 CAD"，将拆分好的"半地下室通风平面图"选中，"导入单位"设置为"毫米"，"定位"默认，勾选"仅当前视图"，如图 3-20 所示，最后单击"打开"即可完成链接。

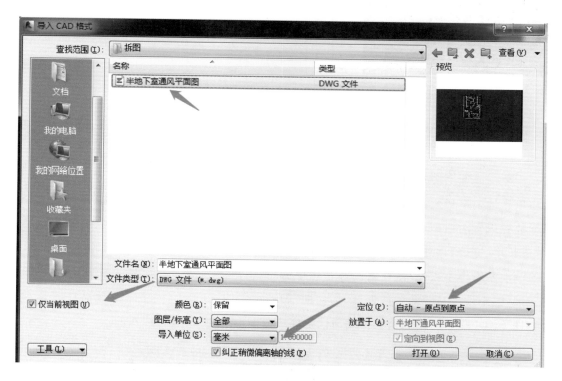

图 3-20　链接 CAD

右击鼠标，在弹出的快捷菜单中选择"缩放匹配"，选中链接进来的 DWG 文件，单击，解锁，对齐之前复制好的轴网，将图纸与轴网都锁定（PN），见图 3-21。

2）基点调整

单击切换至半地下室通风平面图，使用 VV 快捷键打开"楼层平面：半地下室通风平面图的可见性/图形替换"对话框，在"模型类别"选项卡中勾选"场地"和"项目基点"（图 3-22），单击"确定"。单击平面上项目基点，选择"修改点剪切状态"，将基点移动至轴网 A1 交点处。

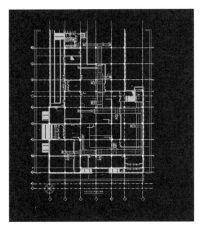

图 3-21　链接成功的效果

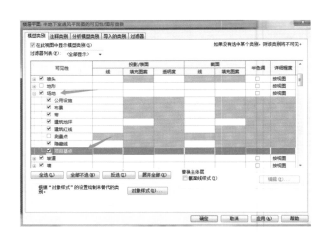

图 3-22　基点设置

5. 管道绘制 ▼

1）水平风管绘制

以半地下室通风平面图中排烟管为绘制对象，首先在"系统"选项卡中选择"风管"命令，弹出放置风管对话框，需根据平面图设置偏移量（管道的标高）、系统类型（风管类别）、尺寸（管道长度、宽度），如图 3-23 所示。以图纸为参照，单击风管，单击起点将其拖曳至终点，完成绘制。若管道不可见，需在属性栏左侧单击"视图范围"右侧的"编辑"，在弹出的"视图范围"对话框中设置"顶"的偏移量与"剖切面"的偏移量为 5000.0（大于管线标高）（图 3-24）。将软件下侧 1：100 右侧的精细程度与视觉样式分别设置为"精细"与"着色"。

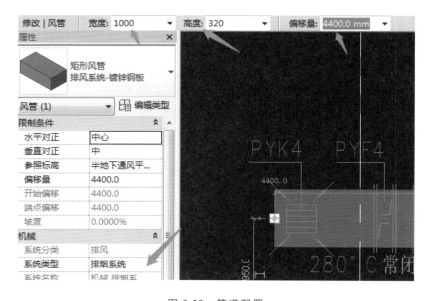

图 3-23　管道配置

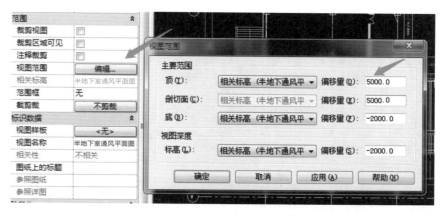

图 3-24　视图范围设置

如遇变径位置,可绘制两侧风管,单击风管→选中拖曳点→拖曳到另外一侧风管的中心(出现紫色圆形为中心)(图 3-25),变径生成,如图 3-26 所示。

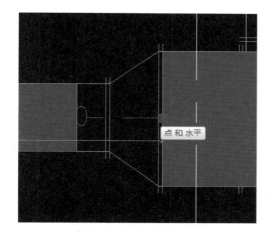

图 3-25　拖曳点识别

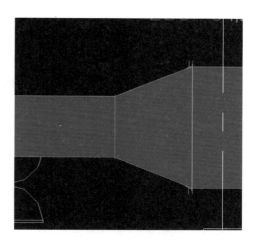

图 3-26　变径生成

如遇三通位置,可绘制上下侧风管,单击尺寸较小风管→选中拖曳点→拖曳到较大风管中心(出现一条蓝色线)(图 3-27),三通部分生成,如图 3-28 所示。

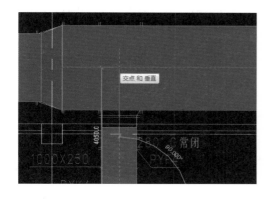

图 3-27　拖曳点识别

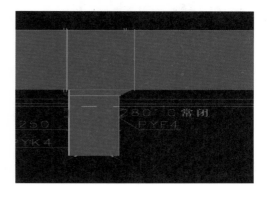

图 3-28　变径生成

通风系统水平风管的最终效果如图 3-29 所示。

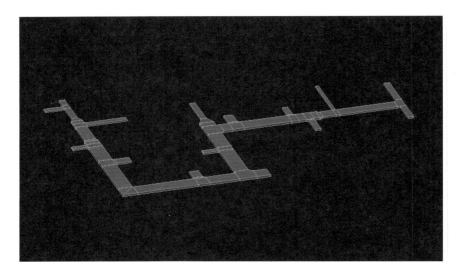

图 3-29　水平风管最终效果

2）垂直风管绘制

以半地下室通风平面图中排烟井为例，绘制立管。首先根据图纸计算出立管的底高度与顶高度，分别为±0.000 和 5500（一般与楼层高度相同），然后右击管道创建类似实例，设置管道参数将偏移量设置为 0，在立管位置单击，将偏移量修改为 5500，单击应用 2 次，立管绘制成功。在平面视图中选中水平风管，选中拖曳点，将其拖曳至垂直风管，待出现中心紫色圆形，连接成功，如图 3-30 所示。

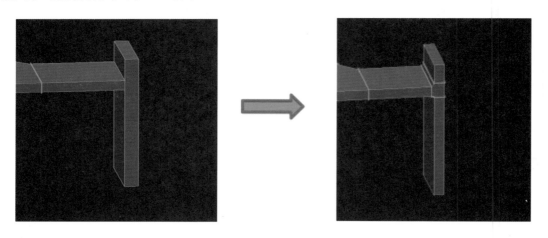

图 3-30　平行风管与垂直风管连接

6. 风阀绘制

通过鸿业机电插件进行阀门放置，首先根据图纸统计出阀门种类，如 280°常闭阀、70°常开阀。在选项卡中选择"风系统"→"风管阀件"，找到对应阀门（图 3-31），双击阀门，在平面对应位置进行放置（图 3-32）。

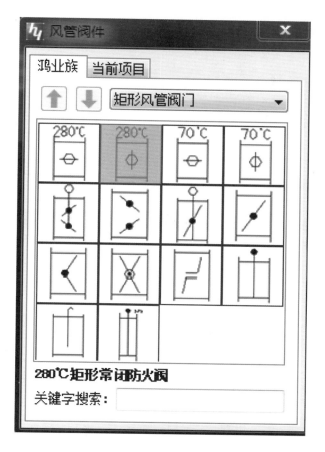

图 3-31　风管阀件菜单

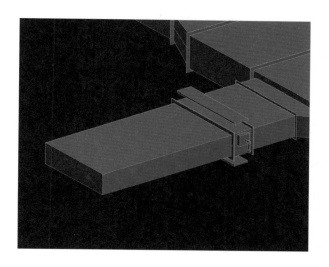

图 3-32　风管阀件完成

提示：阀门如果方向相反,切换至平面图,选中阀门,待阀门上下两侧出现黄色旋转符号,单击旋转符号,旋转完成。

7. 风口末端绘制

通过鸿业机电插件进行风口末端放置,首先根据图纸确定风口种类、尺寸与吊顶高度(风口高度),在选项卡中选择"风系统"→"布置风口"→"方形风口",对应修改参数(图 3-33)。然后选择"单个布置",在图纸对应位置进行放置(图 3-34)。单击风口,在上方右侧选项卡中单击风管末端将其安装到风管上,单击风管,完成连接(图 3-35)。

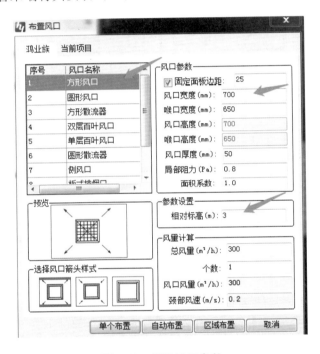

图 3-33　修改风口参数

8. 风管计算

1)风管水力计算

通过鸿业机电插件的强大计算功能,可对排烟系统进行水力计算,首先在"风系统"选项卡中选择"风管水力计算",在平面图中单击拾取绘制完成的风管,弹出"风管水力计算"对话框,选择"设置"→"参数设置",设置建筑类型后选择"计算"→"设计计算",便可得到计算结果(图 3-36)。可通过"查看"功能查看最长分支、最不利分支、最不平衡分支的参数,通过计算功能中 Excel 计算书导出水力计算书(图 3-37)。

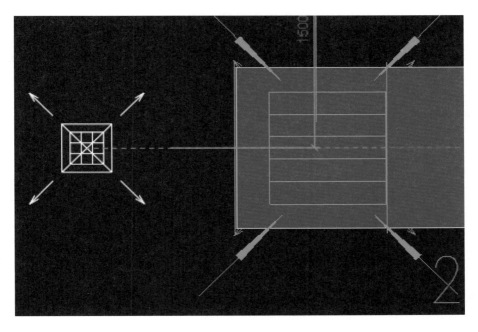

图 3-34　风口放置

图 3-35　风口末端连接前后

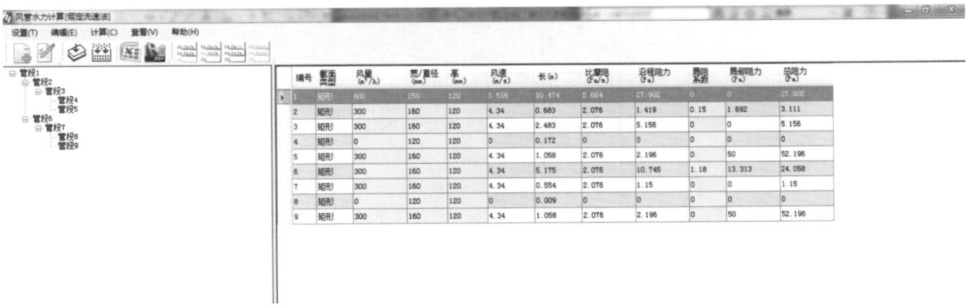

图 3-36　计算结果

鸿业风系统水力计算书

一、计算依据
假定流速法：假定流速法是以风道内空气流速作为控制指标，计算出风道的断面尺寸和压力损失，再按各分支间的压损差值进行调整，以达到

二、计算公式
a.管段压力损失 = 沿程阻力损失 + 局部阻力损失 即：ΔP = ΔPm + ΔPj。
b.沿程阻力损失 ΔPm = Δpm×L。
c.局部力损失 ΔPj =0.5×ζ×ρ×V^2。
d.摩擦阻力系数采用柯列勃洛克-怀特公式计算。

三、计算结果
1、机械 排烟系统 3(假定流速法)
a.机械 排烟系统 3水力计算表

机械 排烟系统 3

编号	截面类型	风量(m³/h)	宽/直径(mm)	高(mm)	风速(m/s)	长(m)	比摩阻(Pa/m)	沿程阻力(Pa)	局阻系数	局部阻力(Pa)	总阻力(Pa)
1	矩形	600.00	250.00	120.00	5.56	10.47	2.66	27.90	0.00	0.00	27.90
2	矩形	300.00	160.00	120.00	4.34	0.68	2.08	1.42	0.15	1.69	3.11
3	矩形	300.00	160.00	120.00	4.34	2.48	2.08	5.16	0.00	0.00	5.16
4	矩形	0.00	120.00	120.00	0.00	0.17	0.00	0.00	0.00	0.00	0.00
5	矩形	300.00	160.00	120.00	4.34	1.06	2.08	2.20	0.00	50.00	52.20
6	矩形	300.00	160.00	120.00	4.34	5.18	2.08	10.75	1.18	13.31	24.06
7	矩形	300.00	160.00	120.00	4.34	0.55	2.08	1.15	0.00	0.00	1.15
8	矩形	0.00	120.00	120.00	0.00	0.01	0.00	0.00	0.00	0.00	0.00
9	矩形	300.00	160.00	120.00	4.34	1.06	2.08	2.20	0.00	50.00	52.20

b.机械 排烟系统 3最不利分支
机械 排烟系统 3最不利分支为 【1-6-7-9】，最不利阻力损失为：105.305 Pa

图 3-37　计算结果输出

2）风管风速检查

　　通过鸿业机电插件的强大计算功能，可对排烟系统进行风管风速检查，首先在"防排烟"选项卡中选择"风管风速检查"，弹出"风管风速检查"对话框（图 3-38），单击绿色"＋"号，新建一个名称为"颜色方案-排风"的方案，单击"确定"后在平面中显示三种颜色，在平面任意位置单击，即可确定（图 3-39）。

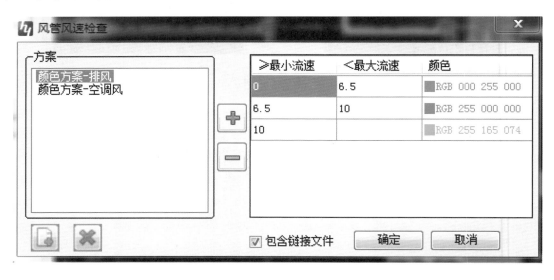

图 3-38　风管风速检查设置

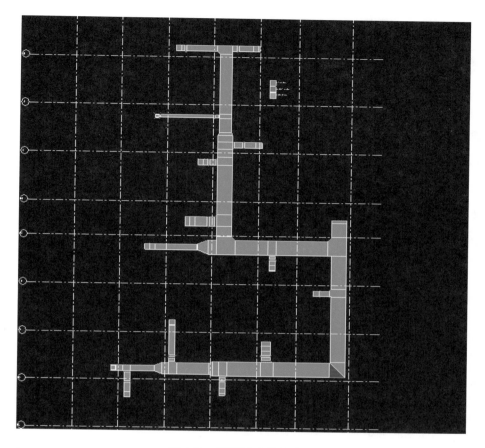

图 3-39　风管风速检查结果

单元 3　采暖系统

○　○　○

1. 管道类型的设置

在下面的介绍中，主要以地下一层暖通系统为例进行介绍。首先通过建校水暖出图板得到相关信息：采暖管道采用焊接钢管，管径≤32 mm 时，采用螺纹连接；管径＞32 mm 时，采用焊接。需将以上信息设置到管道类别中。在菜单栏中选择"系统"→"管道"，会弹出初始的管道属性栏。单击"编辑类型"，弹出类型属性状态栏，单击"复制"将名称改为"采暖供水系统-焊接钢管""采暖回水系统-焊接钢管"(图 3-40)。在"布管系统配置"对话框中将"管段"设置为焊接钢管(图 3-41)。单击"载入族"将本书配套的管件族库载入，将弯头、连接、四通、过渡件、活接头、管帽设置成螺纹或焊接管件(图 3-42)。

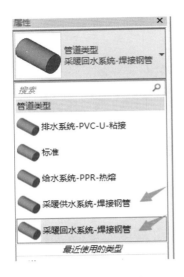

图 3-40　管道属性栏

构件	最小尺寸	最大尺寸
管段		
焊接钢管 - 焊接钢管	20.000 mm	350.000 mm
不锈钢 - GB/T 19228	20.000 mm	32.000 mm
内外热镀锌钢管 - CECS 125		
无缝钢管 - CECS 125	40.000 mm	350.000 mm
机制铸铁 - Schedule 40		
焊接钢管 - 焊接钢管		
钢塑复合 - CECS 125	全部	
连接		
等径三通_丝接: 标准	20.000 mm	32.000 mm
变径三通_焊接: 标准	40.000 mm	350.000 mm
四通		
四通_丝接: 标准	20.000 mm	32.000 mm
四通_焊接: 标准	40.000 mm	350.000 mm
过滤件		
变径_丝接: 标准	20.000 mm	32.000 mm

图 3-41　布管系统配置

构件	最小尺寸	最大尺寸
弯头		
弯头_丝接: 标准	20.000 mm	32.000 mm
弯头_焊接: 标准	40.000 mm	350.000 mm
首选连接类型		
T 形三通	全部	
连接		
等径三通_丝接: 标准	20.000 mm	32.000 mm
变径三通_焊接: 标准	40.000 mm	350.000 mm
四通		
四通_丝接: 标准	20.000 mm	32.000 mm
四通_焊接: 标准	40.000 mm	350.000 mm
过滤件		
变径_丝接: 标准	20.000 mm	32.000 mm
变径_焊接: 标准	40.000 mm	350.000 mm

图 3-42　布管系统配置明细

2. 管道系统的设置

　　在右侧项目浏览器中选择"族"→"管道系统"→"循环供水"和"循环回水"（图 3-43），右击"循环供水"重命名为"采暖供回系统"。双击"采暖供回系统"弹出"类型属性"对话框，选择"材质"栏右侧的"＜按类别＞"，弹出"材质浏览器"，设置项目材质为"焊接钢管"。单击"图形替换"右侧的"编辑"，在弹出的"线图形"对话框中设置"颜色"为红 0、绿 255、蓝 64，单击"确定"完成设置（图 3-44）。

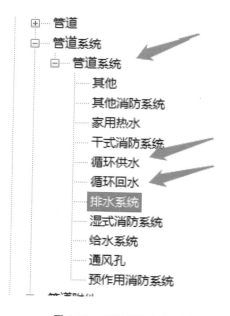

图 3-43　项目浏览器族系统

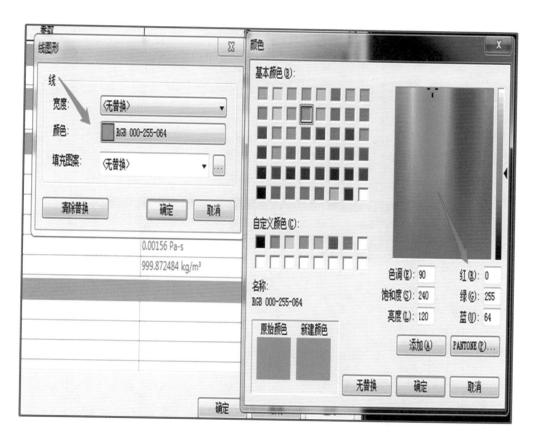

图 3-44　颜色设置

3. 系统过滤器的搭建

使用 VV 快捷键打开"楼层平面:半地下室采暖平面图的可见性/图形替换"对话框,选择"过滤器"→"编辑/新建",在左侧"过滤器"栏新建"采暖供水系统",单击"确认"。在"过滤器列表"栏中勾选"管件""管道""管道附件",在"过滤器规则"选项卡中,"过滤条件"选择"系统类型""等于""采暖供水系统",如图 3-45 所示。根据上述方法结合图纸将采暖回水系统创建完成。

图 3-45　过滤器设置

4. 链接图纸与基点调整

1)链接图纸

在菜单栏中选择"插入"→"链接 CAD",选中拆分好的"半地下室采暖平面图","导入单位"设置为"毫米","定位"默认,勾选"仅当前视图",如图 3-46 所示,单击"打开"即可完成链接。

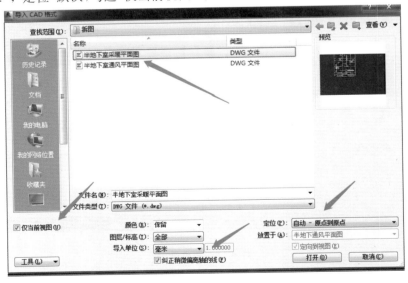

图 3-46　链接 CAD

右击鼠标,在弹出的快捷菜单中选择"缩放匹配",选中链接进来的 DWG 文件,单击,解锁,对齐之前复制好的轴网,将图纸与轴网都锁定(PN),如图 3-47 所示。

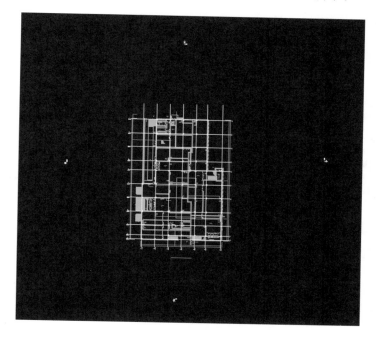

图 3-47 链接成功的效果

2)基点调整

单击切换至半地下室采暖平面图,使用 VV 快捷键打开"楼层平面:半地下室采暖平面图的可见性/图形替换"对话框,在"模型类别"选项卡中勾选"场地"和"项目基点"(图 3-48),单击"确定"。单击平面上项目基点,选择"修改点剪切状态",将基点移动至轴网 A1 交点处。

5.管道绘制 ▽

1)水平管道绘制

以半地下室采暖平面图中 4 轴、5 轴入户采暖供水管为绘制对象,首先选择"系统"→"管道"命令,弹出"放置管道"对话框,需根据平面图与系统图设置偏移量(管道的标高)、系统类型(管道类型)、直径(管道直径),如图 3-49 所示。以图纸为参照,单击管道起点,将其拖曳至终点,完成绘制。若管道不可见,需在属性栏左侧单击"视图范围"栏右侧的"编辑",在弹出的"视图范围"对话框中将"底"的偏移量与"标高"的偏移量设置为 −4500.0(大于管线标高),如图 3-50 所示。将软件下侧 1:100 右侧的精细程度与视觉样式分别设置为"精细"与"着色"。

采暖管道一般具有坡度,根据图纸可以得到采暖管道坡度为 2%。首先选中绘制完成的管道,在选项卡中选择"坡度"命令,设置坡度值为 2%(图 3-51),完成坡度设置。如需调整坡度方向,在平面中单击蓝色坡度方向符号进行调整(图 3-52)。

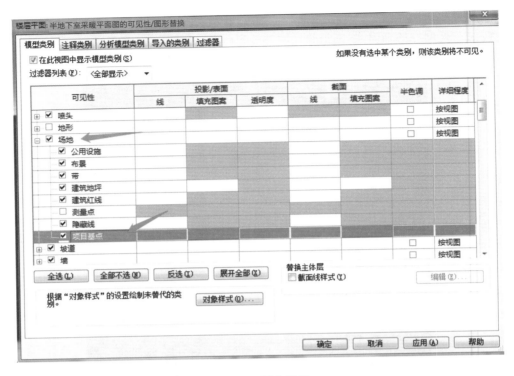

图 3-48　基点设置

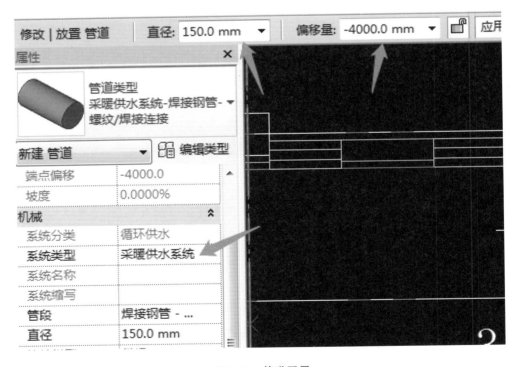

图 3-49　管道配置

图 3-50　视图范围设置

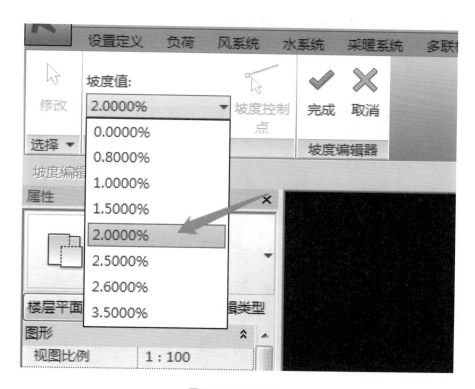

图 3-51　坡度设置

2）垂直管道绘制

以入户室外管道（−4.000）与室内管道（1000）连接处立管为例，绘制立管。首先根据图纸将室内外管道绘制完成，然后在平面中选中管道，将室外管道拖曳点拖曳到室内管线中心线，出现紫色圆形符号处即为管线中心线，如图 3-53 所示，此时立管生成，绘制完成效果图如图 3-54 所示。

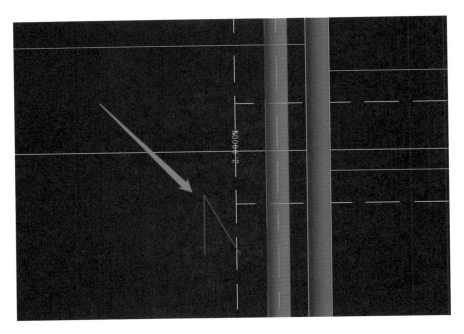

图 3-52　坡度方向符

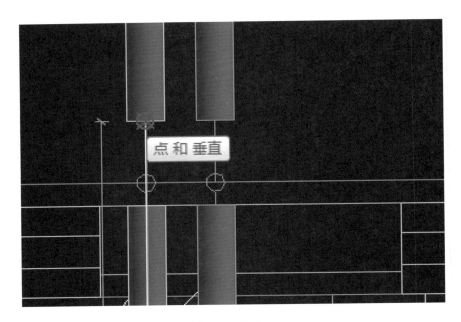

图 3-53　拖曳点

6. 采暖设备 ▽

因为 Revit 中自带的卫浴设备族库较少,所以我们需使用鸿业机电插件进行采暖设备设计。首先单击选项卡中"采暖系统"命令,根据图纸设置出水口位置、散热器型号、散热器标高(图 3-55),然后选择"自由布置",设置片数,最后在平面图中完成放置。

图 3-54　立管生成

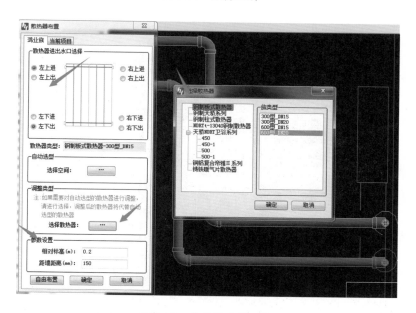

图 3-55　散热器布置设置

　　选中"散热器",单击选项卡上侧的"连接到"(图 3-56),在弹出的"选择连接件"对话框中
选择连接件,单击对应立管,完成连接(图 3-57)。

图 3-56　连接件设置

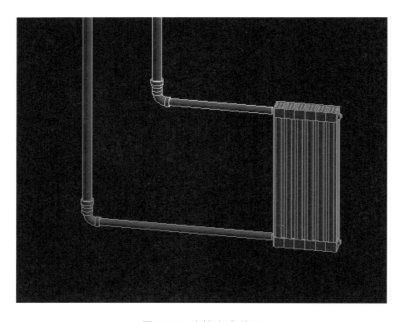

图 3-57　连接完成效果

7. 暖管阀件

由于 Revit 中自带的阀件族较少，我们通过鸿业机电插件进行阀门放置。首先单击选项卡的"水系统"，选择"水管阀件"（可通过名称列表、三维列表及关键字搜索来查找相应暖阀），根据图纸找到对应阀件。单击"布置"按钮，在视图中布置相应暖阀。暖阀布置种类如图 3-58 所示。管道上布置阀件后效果如图 3-59 所示。

图 3-58　暖阀种类

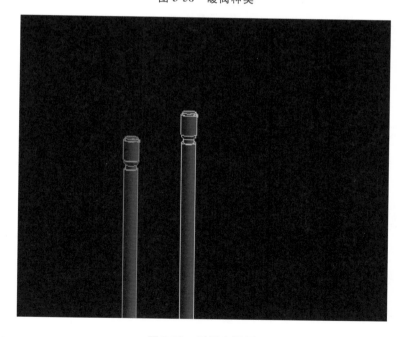

图 3-59　暖阀布置图

模 块 4

4号食堂管线的碰撞检测

模块导读

本模块介绍 Revit MEP 2016 电气专业软件,电气专业主要包括强电、弱电、消防电三个模块。强电、弱电模块提供了便捷的桥架布置和线管绘制模块,并且提供了快速的电线与桥架连接功能;消防电模块主要用于快速布置应急设备。

学习目标

(1)会设置与放置电气桥架与线槽;

(2)会设置与放置电气设备;

(3)会放置照明灯具;

(4)会放置开关插座。

单元 1   单元准备

现代人类生产、生活和科研活动一刻也离不开电气设备,简单地说,就是离不开电。可见电气工程已成为现代科技领域中的核心学科之一,更是当今高新技术领域中不可或缺的关键学科,与国家振兴发展密切相关。

本单元将通过案例"食堂电气设计"来介绍电气专业在 Revit 中建模的方法,并讲解设置电系统的各种属性的方法,使读者了解电气系统的概念和基础知识,学会在 Revit 中建模的方法。

1.图纸拆块与处理 ▽

使用 AutoCAD 软件打开电气图纸. dwg 文件,框选半地下室配电平面图、半地下室照明平面图、半地下室弱电平面图、半地下室火灾报警及消防联动控制平面图,然后按 W 键,将出现如图 4-1 所示对话框。

图 4-1　写块状态栏

单击"插入单位"右侧的下拉列表,将单位设置为"毫米"。单击"文件名和路径"文本框右侧的按钮设置相应的路径,如图 4-2 所示。根据拆图方式将设备所有专业图纸按层进行拆分,接下来需对图纸进行处理。

图 4-2　单位与路径设置

　　单击软件界面左上角的 AutoCAD 标志按钮,选择"图形实用工具"→"清理"命令,如图 4-3 所示。在弹出的对话框中根据实际情况设置未使用项目,如无须设置直接单击"全部清理"→"清理此项目"命令,如图 4-4 所示。

 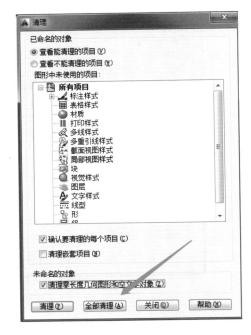

图 4-3　选项菜单　　　　　　　　　图 4-4　"清理"选项卡

2. 样板文件创建 ▽

　　单击软件界面左上角 Revit 标志按钮,选择"新建"→"项目"命令,打开"新建项目"对话框(图 4-5)。

 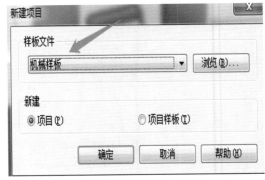

图 4-5　新建项目

　　在"管理"选项卡中选择"项目参数"按钮,在弹出的"项目参数"对话框中选择"添加"按钮(图 4-6),在"参数属性"对话框的"名称"位置输入"视图分类-父",设置"规程"为"公共",

设置"参数类型"为"文字",设置"参数分组方式"为"图形"。在右侧"类别"选项组中勾选"视图",最后单击"确定"按钮,如图 4-7 所示。用同样的步骤创建"视图分类-子"。

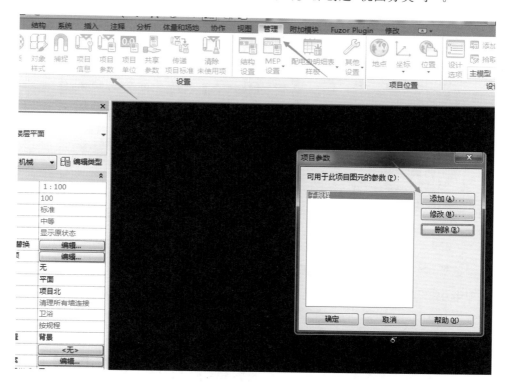

图 4-6　项目参数选项卡

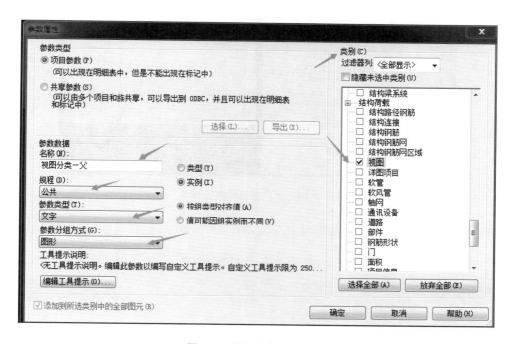

图 4-7　项目参数属性设置

在"视图"选项卡中选择"用户界面"→"浏览器组织"命令(图 4-8)。在弹出的"浏览器组织"对话框中,单击"新建",创建一个名称为"4 号食堂电气"的视图(图 4-9)。

图 4-8　浏览器组织　　　　　　　　图 4-9　浏览器组织设置

在"浏览器组织"对话框中单击"编辑"按钮,出现"浏览器组织属性"对话框。在"成组和排序"选项卡中,设置"成组条件"为"视图分类-父","否则按"为"视图分类-子","否则按"为"族与类型",如图 4-10 所示。在"排序方式"下拉列表中选择"视图名称",选择"升序"或者"降序"单选框,最后单击"确定"。

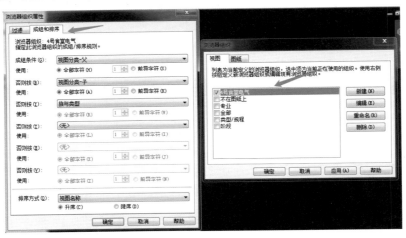

图 4-10　浏览器组织属性设置

将父规程设置为电气,将子规程设置为弱电系统、强电系统、消防电系统。项目浏览器的最终成果如图 4-11 所示。

3. 标高与轴网绘制　▼

1)标高复制

将建筑模型链接到项目文件中。在功能区中选择"插入"→"链接 Revit"命令,打开"导

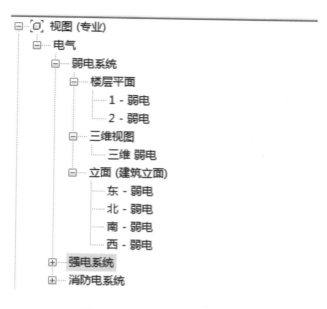

图 4-11 项目浏览器最终成果

入/链接 RVT"对话框,选择要链接的建筑模型"ZDSC-Z-A. rvt",并在"定位"一栏中选择"自动-原点到原点",单击右下角的"打开"按钮,单击右侧项目浏览器中建筑立面中的东-弱电,如图4-12所示。这样建筑模型就成功链接到了项目文件中。完成链接后,单元中存在两类标高:一类是链接的建筑模型标号,一类是 4 号食堂电气样板自带的标高。下面可以通过复制/监视的方法实现链接。

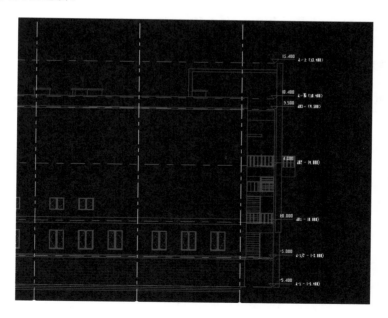

图 4-12 电气立面

在功能区选择"协作"→"复制/监视"→"选择链接"命令,如图 4-13 所示。

图 4-13　选择链接

在绘图区域中单击链接模型,激活"复制/监视"选项卡,单击"复制"激活"复制/监视"选项栏(图 4-14)。

图 4-14　"复制/监视"选项栏

2)创建平面视图

创建与建筑模型标高对应的平面视图,其具体操作步骤如下:

复制标高后,在功能区选择"视图"→"平面视图"→"楼层平面"命令,打开"新建楼层平面"对话框。

在列表中选择一个或多个标高,然后单击"确定"按钮。平面视图名称将显示在单元浏览器中(图 4-15),其他类型的平面视图的创建和上述类似。为了和模板中的视图名称保持一致,修改刚创建好的平面视图名称为"1-强电平面图"。本单元以地下一层为例,修改视图名称为"地下一层强电平面图""地下一层弱电平面图""地下一层消防电平面图"。同时,修改楼层平面属性"视图分类-父"为"电气",修改"视图分类-子"为"弱电系统"(图 4-16)。

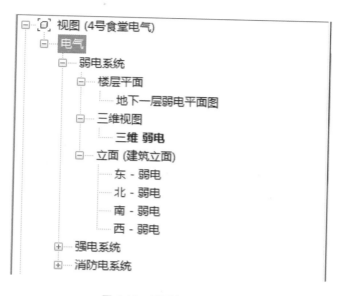

图 4-15　平面视图的创建

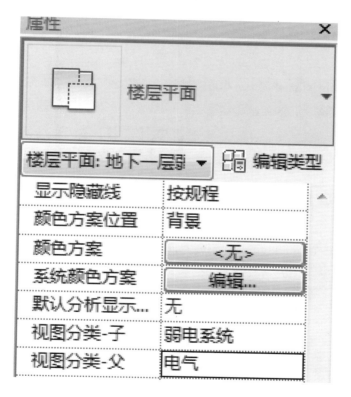

图 4-16　视图分类

3）轴网复制

在"楼层平面"中选择"地下一层弱电平面图"进入平面视图，在协作选项卡中选择"复制/监视"→"选择链接"命令，选中链接模型，然后单击"复制"按钮，单选每个轴网后单击"完成"，完成创建工作。

单元 2　强电系统

1. 桥架类型的设置

单击功能区"插入"选项卡中"载入族"，进入族文件夹，选择"机电"→"供配电"→"配电设备"→"电缆桥架配件"文件夹，选择所有槽式电缆桥架配件，单击"打开"按钮（创建样板桥架中无配件，所以需要载入配件族）（图 4-17），单击"系统"选项卡中"电气桥架"，在属性栏中单击编辑类型，将管件中所有配件进行关联（图 4-18）。

图 4-17　载入族

2. 桥架系统的设置

单击电缆桥架，选择"编辑类型"→"复制"，将名称设置为"强电桥架"，在属性栏中的"设备类型"文本框中输入"强电系统"（图 4-19）。

图 4-18 桥架配件关联

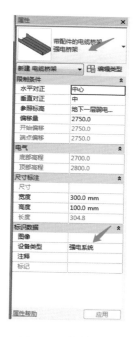

图 4-19 属性设置

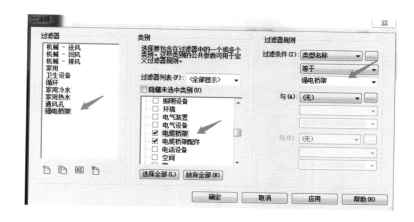

图 4-20 过滤器设置

3. 系统过滤器的搭建

使用 VV 快捷键打开"楼层平面:地下一层强电平面图的可见性/图形替换"对话框,选择"过滤器"→"编辑/新建"命令,在左侧过滤器栏新建过滤器,将过滤器名称设置为"强电桥架",单击"确认"。在"过滤器列表"栏中勾选"电缆桥架""电缆桥架配件","过滤条件"设置为"类型名称""等于""强电桥架",如图 4-20 所示。继续选择"添加"按钮,在添加过滤器中选择"强电桥架",选中过滤器填充图案,颜色设置为红 255、绿 128、蓝 0,填充图案设置为"实体填充"(图 4-21)。

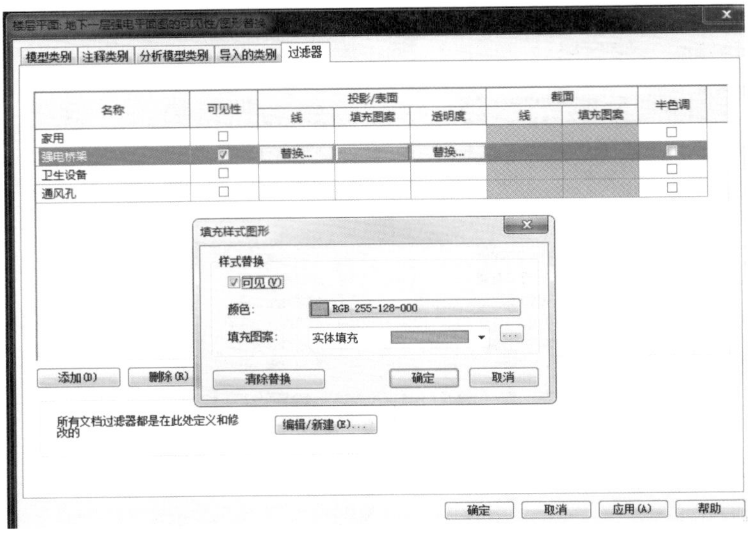

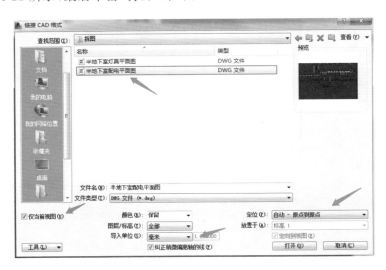

图 4-21　过滤器填充样式设置

4. 链接图纸与基点调整

1）链接图纸

在菜单栏中选择"插入"→"链接 CAD"命令，选中拆分好的"半地下室配电平面图"和"半地下室灯具平面图"图纸，导入单位设置为"毫米"，定位保持默认值，勾选"仅当前视图"单选框，如图 4-22 所示，最后单击"打开"即可。

图 4-22　链接 CAD

右击鼠标，在弹出的快捷菜单中选择"缩放匹配"，选中链接进来的 DWG 文件，单击，解锁，对齐之前复制好的轴网，将图纸与轴网都锁定（PN），如图 4-23 所示。

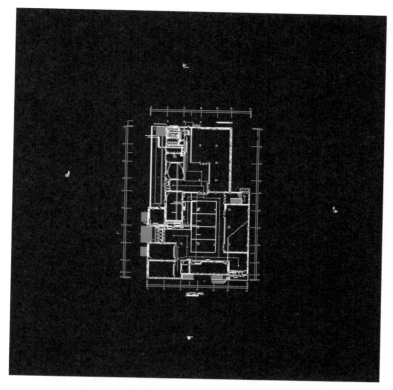

图 4-23　链接成功的效果

2）基点调整

单击切换至半地下室配电平面图，使用 VV 快捷键打开"楼层平面：半地下室配电平面图的可见性/图形替换"对话框，勾选"场地"→"项目基点"（图 4-24），单击"确定"。单击平面上项目基点，选择"修改点剪切状态"，将基点移动至轴网 A1 交点处。

图 4-24　基点设置

5.桥架绘制 ▽

　　以半地下室配电平面图中强电桥架为绘制对象,首先在"系统"选项卡中单击"电缆桥架"命令,弹出放置桥架命令,须根据平面图设置偏移量(桥架的标高)、系统类别(桥架类别)、尺寸(桥架长宽),如图 4-25 所示。以图纸为参照,单击桥架,单击起点将其拖曳至终点,绘制完成。管道不可见时,需将左侧属性栏中视图范围中"顶"的偏移量与"剖切面"的偏移量设置为"5000.0"。(大于管线标高)(图 4-26)。将软件下侧 1∶100 右侧的精细程度与视觉样式分别设置"精细"与"着色"。

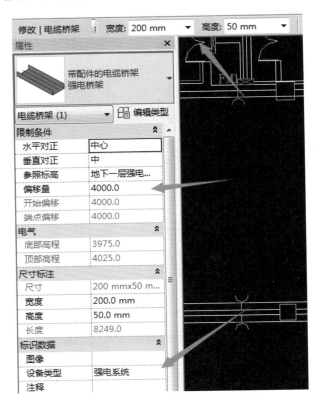

图 4-25　桥架配置

　　如遇三通位置,可右击绘制好的桥架,选择类似实例(根据具体尺寸设置),待左侧属性栏出现线槽类型,光标变为"十"字,此时单击三通交点处(图 4-27),移动鼠标向上拖曳,单击"确定"。单击弯头,待弯头左侧出现"＋"号,单击"＋"号可生成三通(图 4-28)。

6.强电电气设备 ▽

　　1)配电箱绘制

　　因为 Revit 自带的电气设备族库较少,所以我们需使用鸿业机电插件进行电气设备设

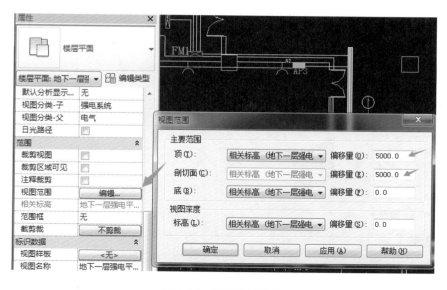

图 4-26　视图范围设置

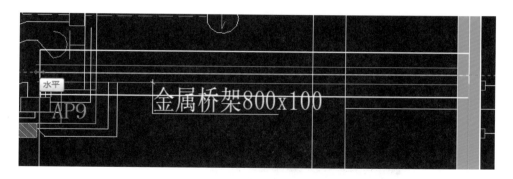

图 4-27　三通交界处

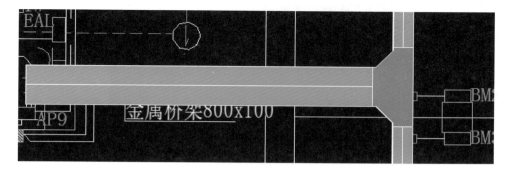

图 4-28　三通绘制

计,我们以半地下室配电平面图中 AP-2 动力配电箱为例,墙内暗设、底距离地面 1.5 m,尺寸为 600×600×180。在选项卡中选择"强电"→"配电箱",找到"动力配电箱",将设备编号设置为 AP-2,将安装高度设置为 1.5 m(图 4-29),双击动力配电箱图标,在平面图中出现配电箱轮廓(如果配电箱方向不对,按键盘空格键调整),调整好之后单击放置,选中平面图中的配电箱,将配电箱属性中尺寸修改为 600×600×180(图 4-30)。

强电系统配电箱放置效果如图 4-31 所示。

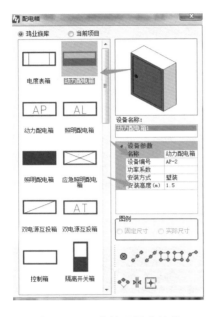

图 4-29　配电箱配置菜单栏

图 4-30　配电箱参数设置

图 4-31　配电箱放置效果

2)插座绘制

我们以半地下室配电平面图中安全型单相二加三极暗插座为例,墙内暗设、底距离地面

0.3 m,型号为250V.10A。在选项卡中选择"强电"→"插座",找到想要的插座,将设备编号设置为安全型单相二加三极暗插座,将安装高度设置为0.3 m,将额定电流设置为10 A(图4-32),双击插座图标,平面图中会出现插座轮廓(如果插座方向不对,按键盘空格键调整),调整好之后单击放置。

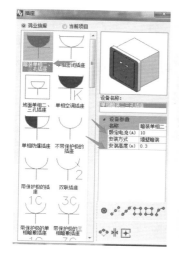

图 4-32 插座配置菜单栏插座放置效果

3)开关绘制

我们以半地下室灯具平面图中三位翘板式暗开关为例,墙内暗设、底距离地面1.3 m,型号为250V.10A。使用VV快捷键打开"楼层平面:半地下室强电平面的可见性/图形替换",在"导入的类别"中取消勾选"半地下室配电平面图"(图4-33),勾选"半地下室灯具平面图",在选项卡中选择"强电"→"开关",找到对应的开关,将设备编号设置为三位翘板式暗开关,将安装高度设置为1.3 m(图4-34),双击开关图标,平面图中会出现开关轮廓(如果开关方向不对,按键盘空格键调整),调整好之后单击放置。

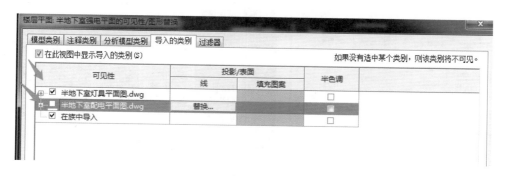

图 4-33 导入类别图纸调整

4)灯具绘制

我们以半地下室灯具平面图中电子节能格栅灯为例,吊顶内镶入安装、型号为220V.2

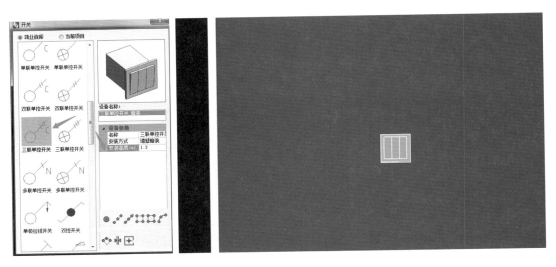

图 4-34　开关配置菜单栏开关放置效果

×36W。在选项卡中选择"强电"→"灯具",找到相应的灯具,将安装高度设置为 3 m,光源功率设置为 36 W(图 4-35),双击灯具图标,平面图中会出现灯具轮廓(如果灯具方向不对,按键盘空格键调整),调整好之后单击放置。

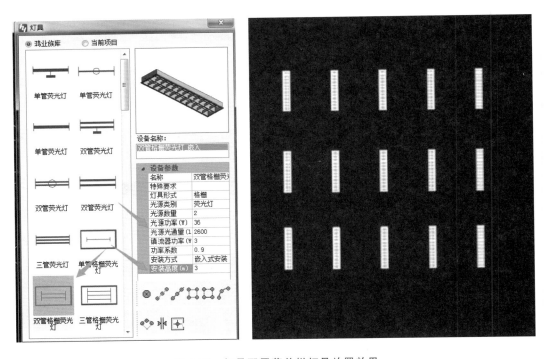

图 4-35　灯具配置菜单栏灯具放置效果

单元 3   弱电系统

1. 线槽类型的设置

单击电缆桥架,选择"编辑类型"→"复制",将名称设置为"弱电线槽",在属性栏中的"设备类型"文本框处输入"弱电系统"(图4-36)。

2. 系统过滤器的搭建

使用VV快捷键打开"楼层平面:地下室弱电平面图的可见性/图形替换"对话框,选择"过滤器"→"编辑/新建"命令,在左侧过滤器栏新建过滤器,将过滤器名称设置为"弱电桥架",单击"确认"。在"过滤器列表"栏中勾选"电缆桥架""电缆桥架配件","过滤条件"设置为"类型名称""等于""弱电线槽",如图4-37所示。继续选择"添加"按钮,在添加过滤器中选择"弱电线槽",选中过滤器填充图案,颜色设置为红0、绿0、蓝255,填充图案设置为"实体填充"(图4-38)。

图 4-36　属性设置

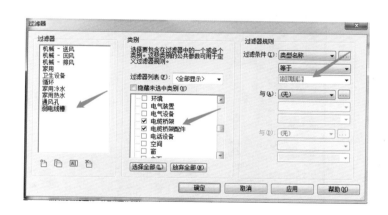

图 4-37　过滤器设置

3. 链接图纸与基点调整

1)链接图纸

在菜单栏中选择"插入"→"链接CAD"命令,选中拆分好的"半地下室弱电平面图"图纸,导入单位设置为"毫米",定位保持默认值,勾选"仅当前视图",如图4-39所示,最后单击"打开"即可。

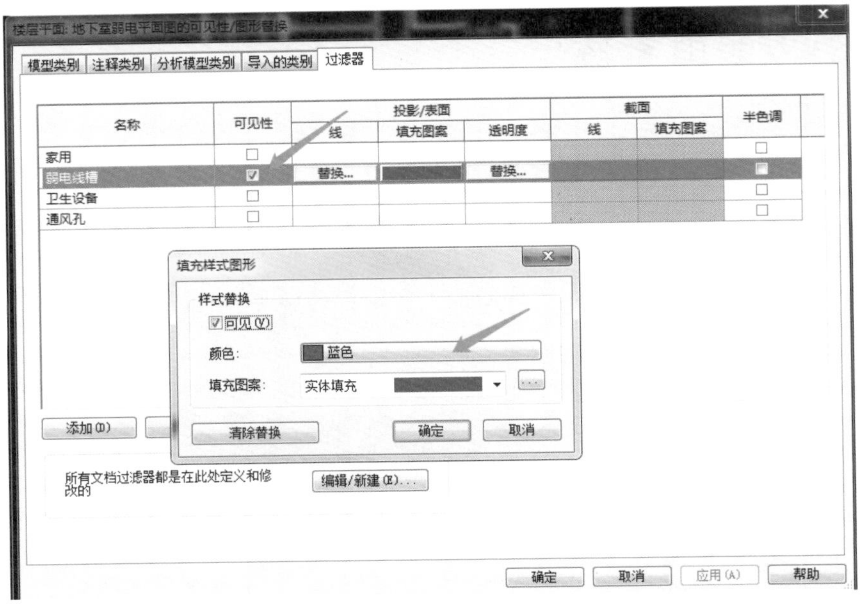

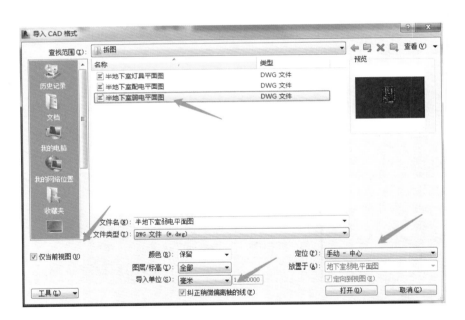

图 4-38　过滤器填充样式设置

图 4-39　链接 CAD

右击鼠标，选择快捷菜单中的"缩放匹配"，选中链接进来的 DWG 文件，单击，解锁，对齐之前复制好的轴网，将图纸与轴网都锁定（PN），见图 4-40。

2）基点调整

单击切换至半地下室弱电平面图，使用 VV 快捷键打开"楼层平面：半地下室弱电平面图的可见性/图形替换"对话框，勾选"场地"→"项目基点"（图 4-41），单击"确定"。单击平面

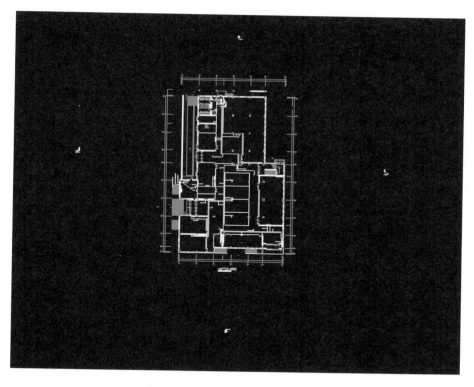

图 4-40 链接成功的效果

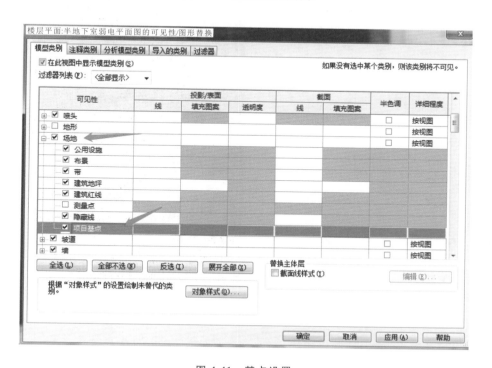

图 4-41 基点设置

上项目基点,选择"修改点剪切状态",将基点移动至轴网 A1 交点处。

4. 线槽绘制

以半地下室弱电平面图中弱电线槽为绘制对象,首先在"系统"选项卡中单击"电缆桥架"命令,弹出放置线槽命令,须根据平面图设置偏移量(线槽的标高)、系统类别(线槽类别)、尺寸(线槽长宽),如图 4-42 所示。以图纸为参照,单击桥架,单击起点将其拖曳至终点,绘制完成。管道不可见时,需将左侧属性栏中视图范围中"顶"的偏移量与"剖切面"的偏移量设置为"5000.0"(大于管线标高)(图 4-43)。将软件下侧 1∶100 右侧的精细程度与视觉样式分别设置"精细"与"着色"。

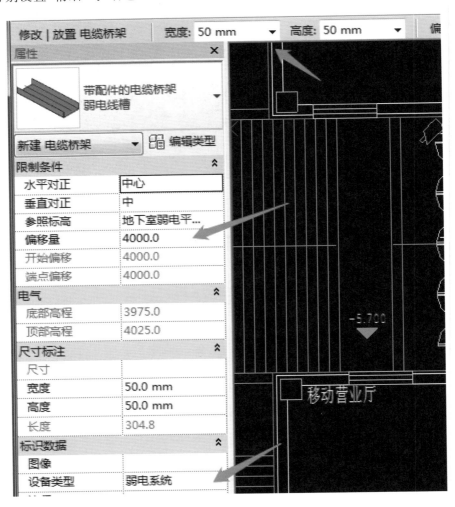

图 4-42 桥架配置

如遇三通位置,可右击绘制好的线槽,选择类似实例(根据具体尺寸设置),待左侧属性栏出线槽类型,光标变为"十"字,此时单击三通交点处(图 4-44),移动鼠标向上拖曳,单击"确定"。单击弯头,待弯头左侧出现"＋"号,单击"＋"号可生成三通(图 4-45)。

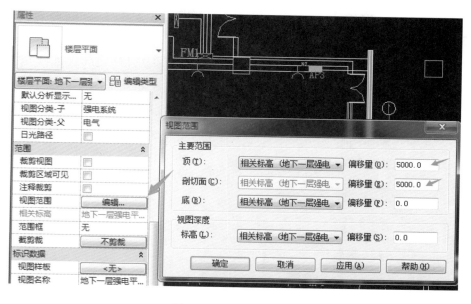

图 4-43　视图范围设置

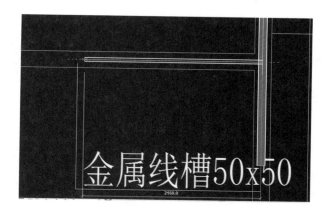

图 4-44　三通交界处

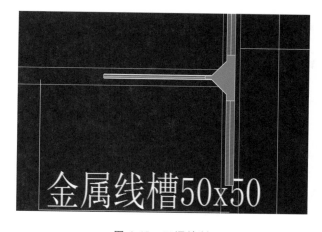

图 4-45　三通绘制

5. 弱电电气设备

因为 Revit 自带的电气设备族库较少，所以我们需使用鸿业机电插件进行电气设备设计，我们以半地下室弱电平面图中不带云台摄像机为例，室内吊顶下吊装、底距离地面3.0 m。在选项卡中选择"弱电"→"安装"，找到"彩色摄像机"，将安装高度设置为 3.0 m（图 4-46），双击彩色摄像机图标，在平面图中出现摄像机轮廓（如果摄像机方向不对，按键盘空格键调整），调整好之后单击放置（图 4-47）。

图 4-46 安装配置菜单栏

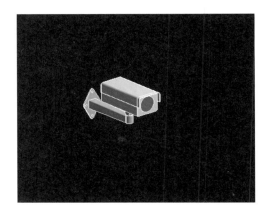

图 4-47 安装放置效果

模 块 **5**

4号食堂的工程量统计

模块导读

　　工程量统计是通过明细表功能来实现的,明细表是 Revit MEP 软件的重要组成部分。通过定制明细表,用户可以从所创建的 Revit MEP 模型(建筑信息模型)中获取单元应用中所需要的各类单元信息,应用表格形式直观地表达。本模块会讲述如何用明细表来统计工程量。

学习目标

　　(1) 会创建实例明细表;
　　(2) 会对已创建的明细表进行编辑。

单元 **1**　创建实例明细表

　　(1)选择"分析"选项卡→"报表和明细表"→"明细表/数量",选择要统计的构件类别,例如风管,设置明细表"名称"为"风管明细表","阶段"为"新构造",单击"确定"按钮,如图 5-1 所示。

　　(2)在弹出的"明细表属性"对话框中,在"字段"选项卡中,从"可用的字段"列表框中选择要统计的字段,如族与类型、长度等,然后单击"添加"按钮,将所选字段移动到"明细表字段"列表框中,"上移""下移"按钮用于调整字段顺序,如图 5-2 所示。

　　(3)在"过滤器"选项卡中,设置过滤器则可以统计部分构件,不设置则统计全部构件,在这里不设置过滤器,如图 5-3 所示。

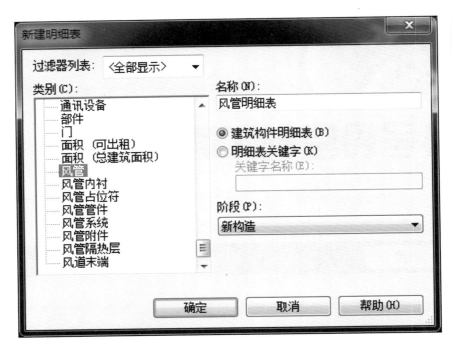

图 5-1　新建明细表

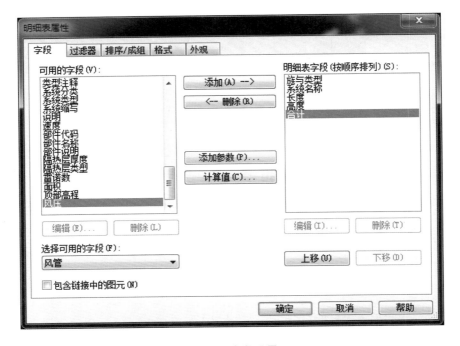

图 5-2　字段设置

（4）在"排序/成组"选项卡中,设置排序方式为"高度",否则按"长度",选项卡下面可供选择的有"总计""逐项列举每个实例"。勾选"总计"单选框,在其下拉列表中有 4 种总计方式。勾选"逐项列举每个实例"单选框,则在明细表中统计每一项,如图 5-4 所示。

图 5-3 过滤器设置

图 5-4 统计明细表的设置

(5)在"格式"选项卡中,设置字段在表格中的标题名称(字段和标题名称可以不同,如类型可修改为窗编号)、标题方向、对齐方式,需要时勾选"计数总数"单选框,统计此项参数的总数,如图 5-5 所示。

(6)在"外观"选项卡中,设置表格线宽、标题、正文、标题文本文字的字体与字号,单击

图 5-5 参数总数的设置

"确定"按钮，如图 5-6 所示。

图 5-6 选项卡设置

风管明细表如图 5-7 所示。

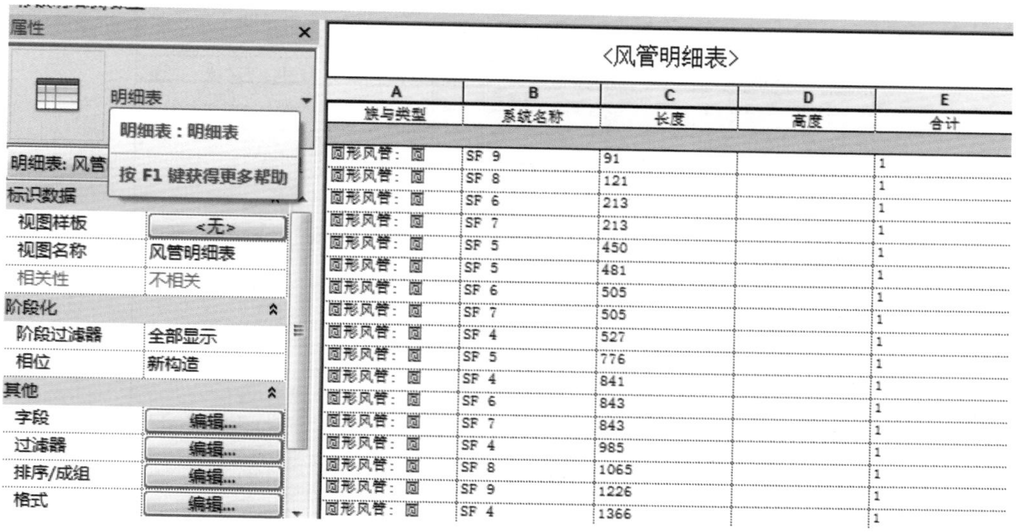

<风管明细表>

A	B	C	D	E
族与类型	系统名称	长度	高度	合计
圆形风管：圆	SF 9	91		1
圆形风管：圆	SF 8	121		1
圆形风管：圆	SF 6	213		1
圆形风管：圆	SF 7	213		1
圆形风管：圆	SF 5	450		1
圆形风管：圆	SF 5	481		1
圆形风管：圆	SF 6	505		1
圆形风管：圆	SF 7	505		1
圆形风管：圆	SF 4	527		1
圆形风管：圆	SF 5	776		1
圆形风管：圆	SF 4	841		1
圆形风管：圆	SF 6	843		1
圆形风管：圆	SF 7	843		1
圆形风管：圆	SF 4	985		1
圆形风管：圆	SF 8	1065		1
圆形风管：圆	SF 9	1226		1
圆形风管：圆	SF 4	1366		1

图 5-7　风管明细表

使用类似的方法创建机电设备明细表和风管管件明细表，如图 5-8 和图 5-9 所示。图 5-10 所示是某办公楼水系统中创建的管道明细表。

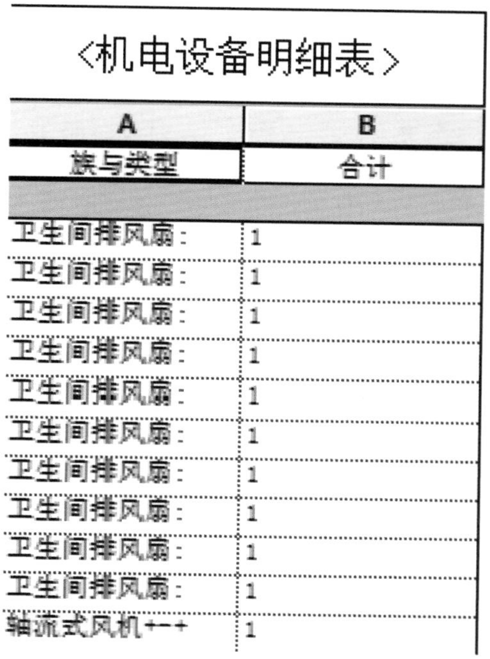

<机电设备明细表>

A	B
族与类型	合计
卫生间排风扇：	1
卫生间排风扇：	1
卫生间排风扇：	1
卫生间排风扇：	1
卫生间排风扇：	1
卫生间排风扇：	1
卫生间排风扇：	1
卫生间排风扇：	1
卫生间排风扇：	1
卫生间排风扇：	1
轴流式风机+-+	1

图 5-8　机电设备明细表

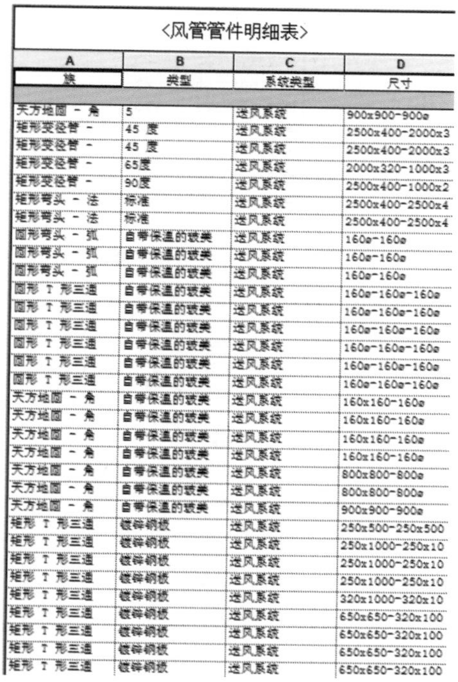

<风管管件明细表>

A	B	C	D
族	类型	系统类型	尺寸
天方地圆 - 角	5	送风系统	900x900-900ø
矩形变径管 -	45 度	送风系统	2500x400-2000x3
矩形变径管 -	45 度	送风系统	2500x400-2000x3
矩形变径管 -	65度	送风系统	2000x320-1000x3
矩形变径管 -	90度	送风系统	2500x400-1000x2
矩形弯头 - 法	标准	送风系统	2500x400-2500x4
矩形弯头 - 法	标准	送风系统	2500x400-2500x4
圆形弯头 - 弧	自带保温的镀类	送风系统	160ø-160ø
圆形弯头 - 弧	自带保温的镀类	送风系统	160ø-160ø
圆形弯头 - 弧	自带保温的镀类	送风系统	160ø-160ø
圆形 T 形三通	自带保温的镀类	送风系统	160ø-160ø-160ø
圆形 T 形三通	自带保温的镀类	送风系统	160ø-160ø-160ø
圆形 T 形三通	自带保温的镀类	送风系统	160ø-160ø-160ø
圆形 T 形三通	自带保温的镀类	送风系统	160ø-160ø-160ø
圆形 T 形三通	自带保温的镀类	送风系统	160ø-160ø-160ø
圆形 T 形三通	自带保温的镀类	送风系统	160ø-160ø-160ø
天方地圆 - 角	自带保温的镀类	送风系统	160x160-160ø
天方地圆 - 角	自带保温的镀类	送风系统	160x160-160ø
天方地圆 - 角	自带保温的镀类	送风系统	160x160-160ø
天方地圆 - 角	自带保温的镀类	送风系统	160x160-160ø
天方地圆 - 角	自带保温的镀类	送风系统	800x800-800ø
天方地圆 - 角	自带保温的镀类	送风系统	800x800-800ø
天方地圆 - 角	自带保温的镀类	送风系统	900x900-900ø
矩形 T 形三通	镀锌钢板	送风系统	250x500-250x500
矩形 T 形三通	镀锌钢板	送风系统	250x1000-250x10
矩形 T 形三通	镀锌钢板	送风系统	250x1000-250x10
矩形 T 形三通	镀锌钢板	送风系统	250x1000-250x10
矩形 T 形三通	镀锌钢板	送风系统	320x1000-320x10
矩形 T 形三通	镀锌钢板	送风系统	650x650-320x100
矩形 T 形三通	镀锌钢板	送风系统	650x650-320x100
矩形 T 形三通	镀锌钢板	送风系统	650x650-320x100
矩形 T 形三通	镀锌钢板	送风系统	650x650-320x100

图 5-9　风管管件明细表

〈管道明细表〉

A	B	C	D	E
族与类型	类型	系统类型	尺寸	长度
管道类型: 150	150	采暖供水系统	150 mm	4560
管道类型: 150	150	采暖供水系统	150 mm	547
管道类型: 150	150	采暖供水系统	150 mm	2850
管道类型: 125	125	采暖供水系统	125 mm	1625
管道类型: 125	125	采暖供水系统	125 mm	5009
管道类型: 100	100	采暖供水系统	100 mm	799
管道类型: 100	100	采暖供水系统	100 mm	1638
管道类型: 100	100	采暖供水系统	100 mm	35
管道类型: 80	80	采暖供水系统	80 mm	478
管道类型: 65	65	采暖供水系统	65 mm	28
管道类型: 100	100	采暖供水系统	50 mm	159
管道类型: 50	50	采暖供水系统	50 mm	1414
管道类型: 125	125	采暖供水系统	125 mm	5099
管道类型: 25	25	采暖供水系统	25 mm	11956
管道类型: 50	50	采暖供水系统	50 mm	11361
管道类型: 50	50	采暖供水系统	50 mm	1580
管道类型: 25	25	采暖供水系统	25 mm	5213
管道类型: 25	25	采暖供水系统	25 mm	1313
管道类型: 25	25	采暖供水系统	25 mm	5213
管道类型: 25	25	采暖供水系统	25 mm	2166
管道类型: 25	25	采暖供水系统	25 mm	28613
管道类型: 25	25	采暖供水系统	25 mm	17625
管道类型: 25	25	采暖供水系统	25 mm	17628
管道类型: 150	150	采暖供水系统	150 mm	828
管道类型: 50	50	采暖供水系统	50 mm	16879
管道类型: 50	50	采暖供水系统	50 mm	883
管道类型: 150	150	采暖供水系统	150 mm	462
管道类型: 25	25	采暖供水系统	25 mm	13011
管道类型: 25	25	采暖供水系统	25 mm	1385
管道类型: 25	25	采暖供水系统	25 mm	277
管道类型: 50	50	采暖供水系统	50 mm	5085
管道类型: 50	50	采暖供水系统	50 mm	3135
管道类型: 50	50	采暖供水系统	50 mm	3916
管道类型: 50	50	采暖供水系统	50 mm	297

图 5-10　某办公楼水系统中创建的管道明细表

单元2　编辑明细表

当明细表需要添加新的字段来统计数据时，可通过标记明细表来实现。在"属性"对话框中单击字段后的"编辑"按钮，弹出"明细表属性"对话框，选择需要的字段，如"宽度"，单击"添加"按钮，然后单击"上移""下移"按钮调整字段的位置，最后单击"确定"按钮，即可完成字段的添加，如图 5-11 所示。

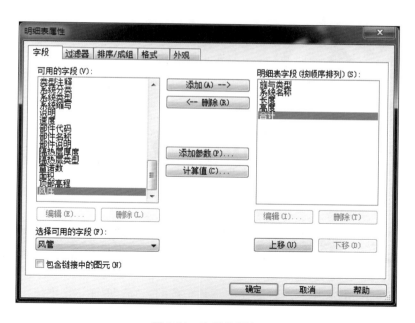

图 5-11 字段的添加

模 块 6

Revit MEP族功能介绍及实例讲解

模块导读

Autodesk Revit MEP 中的所有图元都是基于族的。"族"是 Revit 中使用的一个功能强大的概念,有助于您更轻松地管理数据和修改数据。每个族图元能够定义多种类型,根据族创建者的设计,每种类型可以具有不同的尺寸、形状、材质设置或其他参数变量。

本模块主要介绍 Revit MEP 2016 族的使用与构件族相关的基础知识。

学习目标

(1)MEP 族编辑器的设置;

(2)添加 MEP 模型参数;

(3)创建管道附件族。

使用 Autodesk Revit MEP 的一个优点是不必学习复杂的编程语言,便能够创建自己的构件族。使用族编辑器,整个族创建过程在预定义的样板中执行,可以根据用户的需要在族中加入各种参数,如材质、可见性、连接件等。可以使用族编辑器创建工程中特殊的设备构件和图形/注释构件。

比如说弯头,在一个项目里面可能会出现 N 个不同尺寸的弯头,如果没有加任何参数,你只能往项目里载入很多很多的弯头,这样既占内存又不好管理,所以族类型里面的尺寸标注起到了很大的作用,每加上一个标注时就给它套上一个公式,当所有的公式都成为一个有关联的公式群时,你就掌握了尺寸标注的奥妙,你所绘制的族文件就可以做到牵一发而动全身了,你每改一个数值,其他的参数就会根据所编的公式进行等比例缩放。

在 Revit MEP 项目文件中,系统的逻辑关系和数据信息通过构件族的连接件传递,连接件作为 Revit MEP 构件族区别于其他 Revit 产品构件族的重要特性之一,也是 Revit MEP

构件族的精华所在。

单元 1 族和族编辑器简介

○ ○ ○

1. 族简介 ▽

1）系统族

系统族是在 Revit MEP 中预定义的族，包括风管、水管等基本设备工程构件。例如，基本风管系统族包括圆形风管、矩形风管、柔性风管等类型。可以复制或修改现有系统族，但不能创建新系统族，也可以通过指定新参数定义新的族类型。

2）标准构件族

在默认情况下，在项目样板中载入标准构件族，但更多标准构件族储存在构件库中。系统中可以使用族编辑器创建和修改构件，可以复制和修改现有构件族，也可以根据各种族样板创建新的构件族。

族样板可以是基于主体的样板，也可以是独立的样板。基于主体的族包括需要主体的构件，例如以天花板为主体的灯具族。独立族包括机械设备、电气设备等。族样板有助于创建和操作构件族。

标准构件族可位于项目环境外，且具有".rfa"扩展名，可以将它们载入项目，从一个项目传递到另一个项目，如果需要还可以从项目文件保存到库中。

3）内建族

内建族可以是特定项目中的模型构件，也可以是注释构件。只能在当前项目中创建内建族，因此它们仅可用于该项目特定的对象。创建内建族时，可以选择类别，且使用的类别将决定构件在项目中的外观和显示。

4）将族添加到项目中

首先，打开一个项目或创建一个项目。要将族添加到项目中，可以将其拖曳到文档窗口中，也可以使用"从库中载入"→"载入族"命令将其载入。一旦族载入到项目中，载入的族会与项目一起保存。所有族将在项目浏览器中各自的构件类别下列出。执行项目时无须原始族文件。可以将原始族保存到常用文件夹中：选择族文件，右击选择"保存"，如图 6-1 所示。

但是，如果需要修改原始族，则将该族重新载入项目以查看更新后的族。

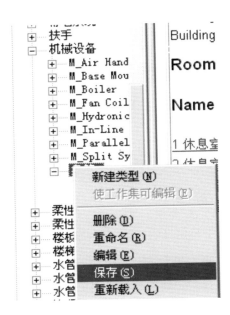

图 6-1　保存族文件

2. 族编辑器简介 ▼

可以使用族编辑器创建设备工程中的设备构件和图形/注释构件。族中存储所有必要的几何图形以显示特定对象的二维和三维形式。族图元的可见性与查看方向（平面、立面或三维）与此视图的详细程度有关。

1）创建标准构件族的常规步骤

（1）在下拉菜单中选择"文件"→"新建"→"族"命令，选择适当的族样板。

（2）定义有助于控制对象可见性的族的子类别。

（3）布局有助于绘制构件几何图形的参照平面。

（4）添加尺寸标注以指定参数化构件几何图形。

（5）添加设备或构件的连接件。

（6）设置全部标注尺寸以创建类型或实例参数。

（7）调整新模型以验证构件行为是否正确。

（8）用字类别和实体可见性设置指定二维和三维几何图形的显示特征。

（9）通过指定不同的参数定义族类别的变化。

（10）保存新定义的族，将其载入新项目然后观察它如何运行。

2）参照平面、是参照、定义原点

（1）参照平面。

在开始创建族之前要绘制参照平面，以便于绘制构件几何图形。对族构件的大小、形状等参数的控制都将通过控制参照平面来实现。设定参照平面的"是参照"属性后才可以在项目中对该族进行尺寸标注或设置对齐。选择"参照平面",再选择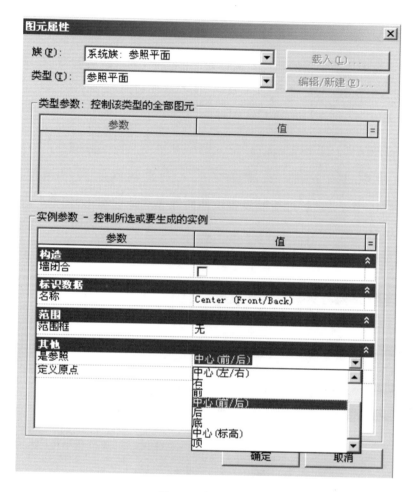，即出现图 6-2 所示对话框。

图 6-2　参照平面

（2）是参照。

"是参照"属性指定在族的创建期间绘制的参照平面是否为项目的一个参照，以便对该族进行尺寸标注或设置对齐该族。几何图形参照可设置为"强参照"或"弱参照"。"强参照"的尺寸标注和捕捉的优先级最高，"弱参照"的尺寸标注优先级最低。因为"强参照"首先预高亮显示，将族放置在项目中并对其进行尺寸标注时，可能需要按 Tab 键选择"弱参照"。

（3）定义原点。

"定义原点"属性指定正在放置的对象上的光标位置。"定义原点"可以只指定一个参照平面。

（4）参照线。

可以使用参照线来创建参数化的族骨架，用于附着族的图元。应用参照线的角度参数将控制附着到参照平面的图元。

3.族编辑器功能 ▽

以实心形式介绍族编辑器的功能。选择族文件模板，进入族编辑器，在设计栏实心形式目录下，可选择实心拉伸、实心融合、实心旋转、实心放样功能。

1）实心拉伸

选择实心拉伸功能，单击 ∏**线** 按钮，在选项栏 ✓ □ ⌒ ▾ 中选择所需类型，或单击 ▷ 按钮拾取已有轮廓。在 **深度** 250.0 栏修改轮廓的拉伸深度，或单击 **拉伸属性** 打开"图元属性"对话框设置拉伸属性和其他选项，如图 6-3 所示。在项目中选择所需视图绘制轮廓。

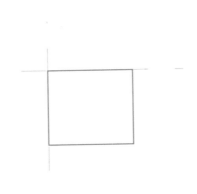

设置平面轮廓　设置拉伸范围和工作平面　材质设置

图 6-3　实心形式的设置

2）实心融合

选择实心融合功能，单击 ∏**线** 按钮，在选项栏 ✓ □ ⌒ ▾ 中选择所需类型，或单击 ▷ 按钮拾取已有轮廓。在 **深度** 250.0 栏修改轮廓的融合深度，或单击 **融合属性** 打开"图元属性"对话框设置融合属性和其他选项。在项目中选择所需视图绘制轮廓，此为融合实体的底部轮廓，绘制完成后单击 **编辑顶部** 按钮编辑实体的顶部轮廓，绘制完成后可单击 **顶点连接** 按钮修改融合顶点连接方式（图 6-4），使其生成所需融合形式，修改完成后单击 **完成绘制** 按钮，融合实体自动生成。

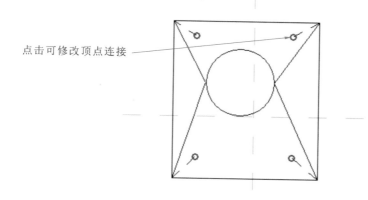

点击可修改顶点连接

图 6-4　实心融合的设置

3）实心旋转

选择实心旋转功能，单击 **几 线** 按钮，在选项栏 **／ □ C ▼** 中选择所需类型，或单击 **▷** 按钮拾取已有轮廓。选择所需视图，单击 **轴** 按钮，绘制轮廓所需旋转的轴线，或单击 **▷** 拾取已有的线作为轴线，单击 **旋转属性** 按钮打开"图元属性"对话框，可以设置旋转角度，设置完成后单击 **●‖● 完成绘制** 按钮生成旋转实体。

4）实心放样

选择实心放样功能，在设计栏单击 **绘制 2D 路径** 按钮，在选项栏中选择所需的线类型 **／ □ C ▼**，单击 **✏ ▷** 绘制或拾取放样路径，完成后单击 **●‖● 完成路径** 按钮完成路径绘制；单击 **绘制轮廓** 按钮，打开"进入视图"对话框选择所要进入的视图，视图中红色点 **◆** 即为创建的路径中显示的红色界面，用线工具绘制截面轮廓，单击 **●‖● 完成轮廓** 按钮，单击 **●‖● 完成放样** 按钮，完成实体的放样。

空心形式也包含拉伸、融合、旋转、放样等功能，其操作方法可参考实心形式，另外，空心形式可掏空或切断实心形式的实体，且载入项目后空心形式的实体将不会在项目中显示。

单元 2　创建机械设备族

○ ○ ○

在下拉菜单中选择"文件"→"新建"→"族"命令，选择机械设备模板文件，单击"打开"进入机械设备的族编辑器，利用上述功能创建机械设备实体模型，单击 **⊠ 风管连接件** 按钮添加风管连接件，在选项栏 **送风 ▼** **◈ ▦** 中设置风系统类型和放置位置（实体面和工作平面），选择模型平面后单击即可将连接件放置在该平面上，选择连接件，单击 ![icon] 按钮，即可打开"图元属性"对话框，设置风口属性，如图 6-5 所示。

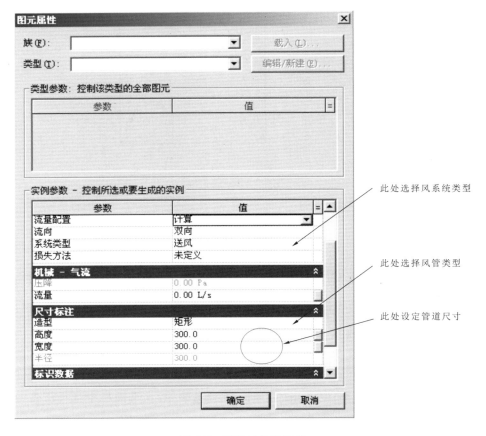

图 6-5　图元属性的设置

1. 族编辑器的设置 ▽

在族编辑器中可利用设计栏中的模型线绘制轮廓，并在平面、立面、剖面或三维视图中设置是否显示不同详细程度下图元的可见性。选择模型线，单击 ![icon] 按钮，即可打开"图元属性"对话框（图 6-6），选择"可见性/图形替换"中的"编辑"按钮设置模型线的可见性属性，如图 6-7 所示。选择模型，可使用同样方法设置模型的可见性属性。

2. 添加模型参数 ▽

（1）选择设计栏"尺寸标注"命令，标注需要设置参数的模型尺寸，选择如图 6-8（a）所示尺寸，在选项栏 标签：|＜无＞ ▼| 下拉列表中选择"添加参数"，打开"参数属性"对话框［图6-8（b）］，添加族参数或共享参数，设置参数属性，单击"确定"完成参数设置。

图元属性
族(F)：
系统族：模型线
载入(L)...
类型(T)：
编辑/新建(E)...
类型参数：控制该类型的全部图元
参数
值
实例参数 - 控制所选或要生成的实例
参数
值
限制条件
工作平面
参照平面 : Center (Front/Back
与邻近图元一同移动
图形
可见
可见性/图形替换
编辑...
尺寸标注
长度
320.2
标识数据
子类别
机械设备
其他
参照
弱参照
确定
取消

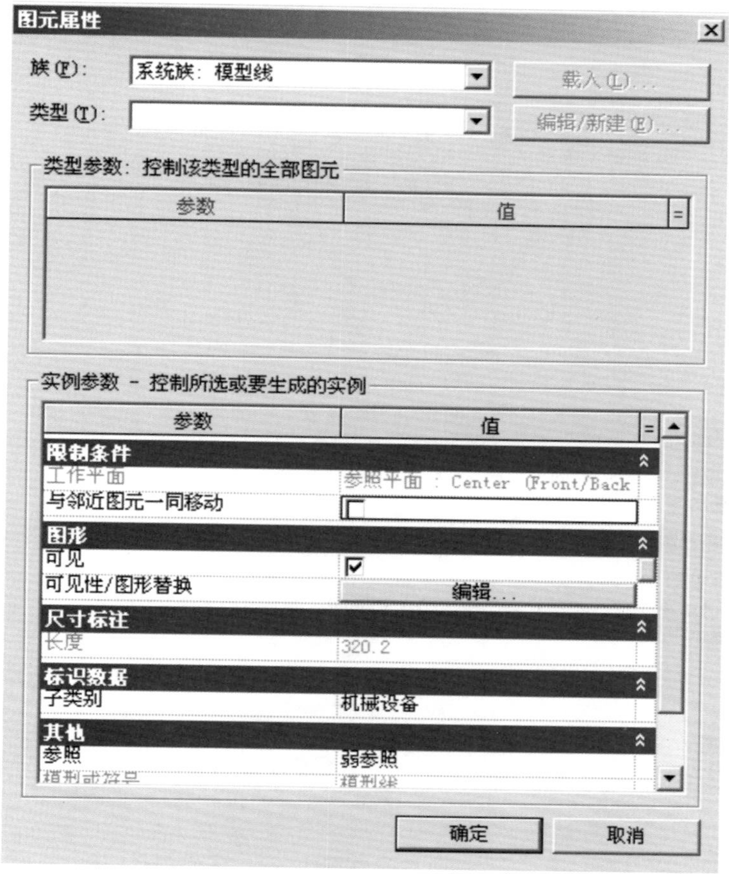

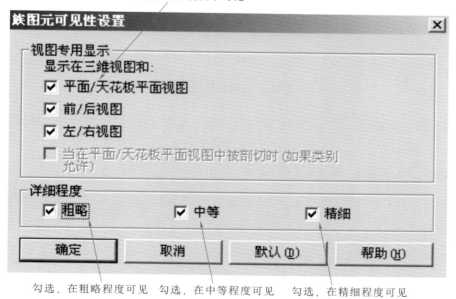

图 6-6 图元属性的设置

勾选，在此视图下可见
族图元可见性设置
视图专用显示
显示在三维视图和：
平面/天花板平面视图
前/后视图
左/右视图
当在平面/天花板平面视图中被剖切时(如果类别允许)
详细程度
粗略
中等
精细
确定
取消
默认(D)
帮助(H)
勾选，在粗略程度可见
勾选，在中等程度可见
勾选，在精细程度可见

图 6-7 族图元可见性的设置

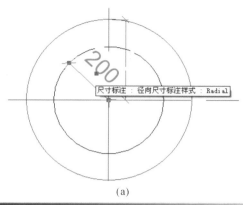

(a)

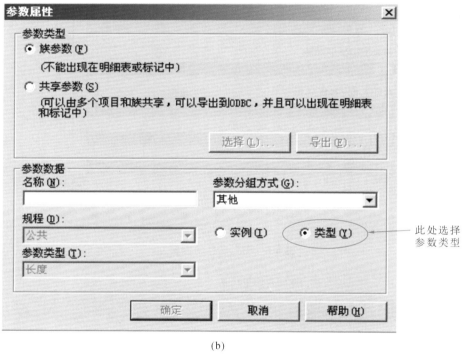

此处选择
参数类型

(b)

图 6-8　参数属性的设置

（2）添加的参数在设计栏"族类型"中，打开"族类型"对话框（图 6-9），可编辑设置相应的参数。

（3）选择风管连接件，单击"属性"按钮，单击"尺寸标注"栏目中"半径"后的■按钮，打开"相关族参数"对话框（图 6-10），选择设置的参数"半径"，单击"确定"按钮关闭对话框。这样就建立起来一个变量参数关系：风管连接件的尺寸的值等于模型中定义的尺寸的值。

根据上述方法可添加和设置水管连接件和电气连接件到设备中。

在此可添加公式和其他参数进行运算

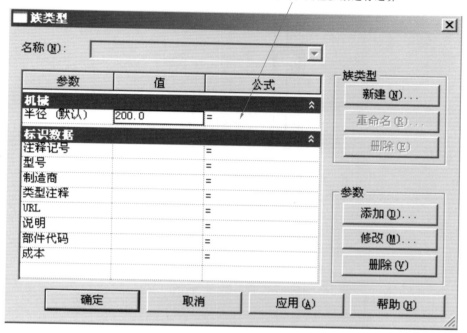

图 6-9　族类型的设置

图 6-10　族相关参数的设置

单元3　创建管道附件族

○　○　○

　　选择管道附件模板文件,按上述机械设备族的创建方法操作,将新创建的管道附件模板载入项目中后即会出现管道附件具备的属性,如旋转按钮、拾取管线中心等功能,如图 6-11所示。

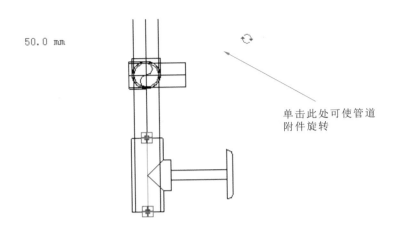

50.0 mm

单击此处可使管道
附件旋转

50.0 mm

图 6-11 旋转管件族

1. 创建末端设备族 ▼

　　选择管道末端设备模板文件,按机械设备族的创建方法操作,将新创建的管道末端设备模板载入项目中后即会出现管道附件具备的属性,如风道末端的风量设定、与管道直接连接等属性,如图 6-12 所示。

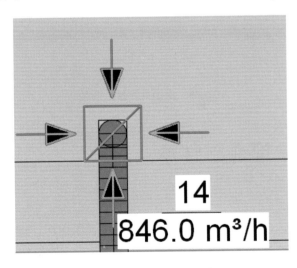

图 6-12 创建末端族设备

2. 创建管件族 ▼

　　选择管件模板文件,按机械设备族的创建方法操作,将新创建的管件模板载入项目中后即会出现管件具备的属性,如弯头和三通的变化、旋转、角度调整等属性,如图 6-13 所示。

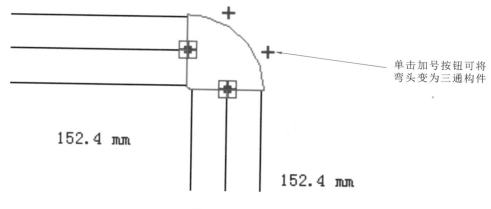

　　单击加号按钮可将
弯头变为三通构件

图 6-13　创建管件族

Revit MEP新功能

本模块主要介绍 Revit MEP 中的新功能和增强功能。

学习目标

了解 Revit MEP 的新功能。

1. 提升了 Revit MEP 视图中性能 ▼

用于在视图中显示 MEP 图元的基本技术已得到增强，提升了当打开和操作涉及大量 MEP 图元的视图时的性能。

2. 螺纹风管和管道标记 ▼

在此增强功能前，Revit 无法对螺纹风管或其长度方向的不同管道进行数值标记。对于显示为"多个值"的参数，此增强功能将根据标记或其引线的位置来显示实际值。

3. 新的压降计算方法 ▼

在计算风管和管道的压降时，可以在"机械设置"中指定 Haaland 公式或者 Colebrook 公式。此功能有助于提高某些机械计算的精确度，可区域性地适用于 Revit MEP 原有公式的变化。

4. 改进的学习工具 ▼

自定义 Revit 工具提示可以帮助描述和交流参数及其用途，从而帮助提高产品的整体易学性。

5. Electrical API 增强功能 ▼

用户和第三方开发人员可以通过 API 创建所有显示在用户界面的导线形状，包括添加和修改导线的属性以及删除顶点。

6. 明细表增强功能 ▼

用户可以在包括图像的 Revit 中创建明细表以传达图元的图形信息，比如照明设备、家具等。

REFERENCES
参考文献

[1] 黄亚斌. Autodesk Revit MEP 2016 管线综合设计应用[M]. 北京:电子工业出版社，2016.

[2] 李恒等. Revit 2015 中文版基础教程[M]. 北京:清华大学出版社,2015.

[3] 李鑫. 中文版 Revit 2016 完全自学教程[M]. 北京:人民邮电出版社,2016.

[4] 柏慕进业. Autodesk Revit Architecture 2016 官方标准教程[M]. 北京:电子工业出版社,2016.

[5] 黄亚斌等. Revit 机电应用实训教程[M]. 北京:化学工业出版社,2015.